JN262038

しくみ図解

電波とアンテナが一番わかる

▶多彩な用途を実現する電波の不思議
▶アンテナのパフォーマンス

小暮裕明
小暮芳江
共著

技術評論社

はじめに

　電波は現代社会に欠かせません。しかし便利なケータイやスマホも、電波の不思議に感動しながら使うユーザはまれでしょう。そう、電波は見えないので、空気のような存在になってしまったのかもしれません。地デジ化は電波を意識するよいチャンスでした。しかし、はじめはきれいな画面に感激しても、現代人はすぐに「常識」にしてしまいます。

　さて、本書ではあらためて「電波とアンテナ」について注目しています。声や画像の伝達、コミュニケーション、位置や距離の計測、加熱調理といった幅広い分野に利用されている電波。そのふるまいを解き明かし、電波のしくみや、重要なアンテナの役割について、写真やイラストをまじえてやさしく解説しています。

　筆者らは歴史探訪が趣味で、ここ10年ほど電波とアンテナの先駆者達を訪ね回っています。ファラデー、マックスウェル、ヘルツ、マルコーニと現地で彼らの実験器具を前にすると、まるでアマチュア無線家の大先輩に話しかけるように、自作装置に見入ってしまいます。

筆者らのQSLカード（交信証）

マルコーニが世界で初めて長距離QSO（交信）を成功させた、ボローニャ郊外の別荘にて

　本書では、その成果の一端をご披露していますが、電波やアンテナに興味がある方、電波やアンテナに関する知識の整理に役立てたい方、学校の授業の副読本として検討したい方にも、活用していただければ、筆者らにとって望外の喜びです。

小暮裕明 JG1UNE・小暮芳江 JE1WTR

電波とアンテナが一番わかる

目次

はじめに ………… 3

第1章 電波の基礎知識 ………… 9

1. 電波とは ………… 10
2. 電波の発見とその歴史 ………… 12
3. 電波と電磁波の仲間たち ………… 18
4. 電波のさまざまな性質 ………… 22
5. 電波を識別する周波数帯 ………… 26
6. 電波を表す単位 ………… 28
7. 電波を発生させる ………… 30
8. 電波の伝わり方 ………… 34
9. データの送受信とは ………… 36

第2章 電波の不思議 ………… 43

1. 電波のふるまい ………… 44
2. 電波の速さ ………… 48
3. 遅くなる電波 ………… 53
4. 光速を超える? ………… 57
5. 電波が反射したり、曲がったり ………… 64
6. 空間を伝搬する電磁界 ………… 69
7. 波の性質と光の性質 ………… 73

CONTENTS

 8 天体が放射する電波･････････76
 9 電波天文学入門･････････77

第**3**章 電波を利用する･････････79

 1 電波利用の夜明け･････････80
 2 電波商用化への歩み･････････86
 3 通信と放送･････････89
 4 データが送られるしくみ･････････92
 5 ベースバンド伝送とブロードバンド伝送･････････95
 6 衛星放送･････････100
 7 カーナビゲーション･････････102
 8 携帯電話と移動体通信･････････104
 9 位置を測定する･････････107
 10 距離を測定する･････････108
 11 遠隔操作･････････110
 12 マイクロ波で加熱する<電子レンジ>･････････112
 13 ワイヤレスLAN･････････116
 14 電波時計･････････118
 15 地震予知と電磁波･････････121
 16 電波利用に関する制度･････････125

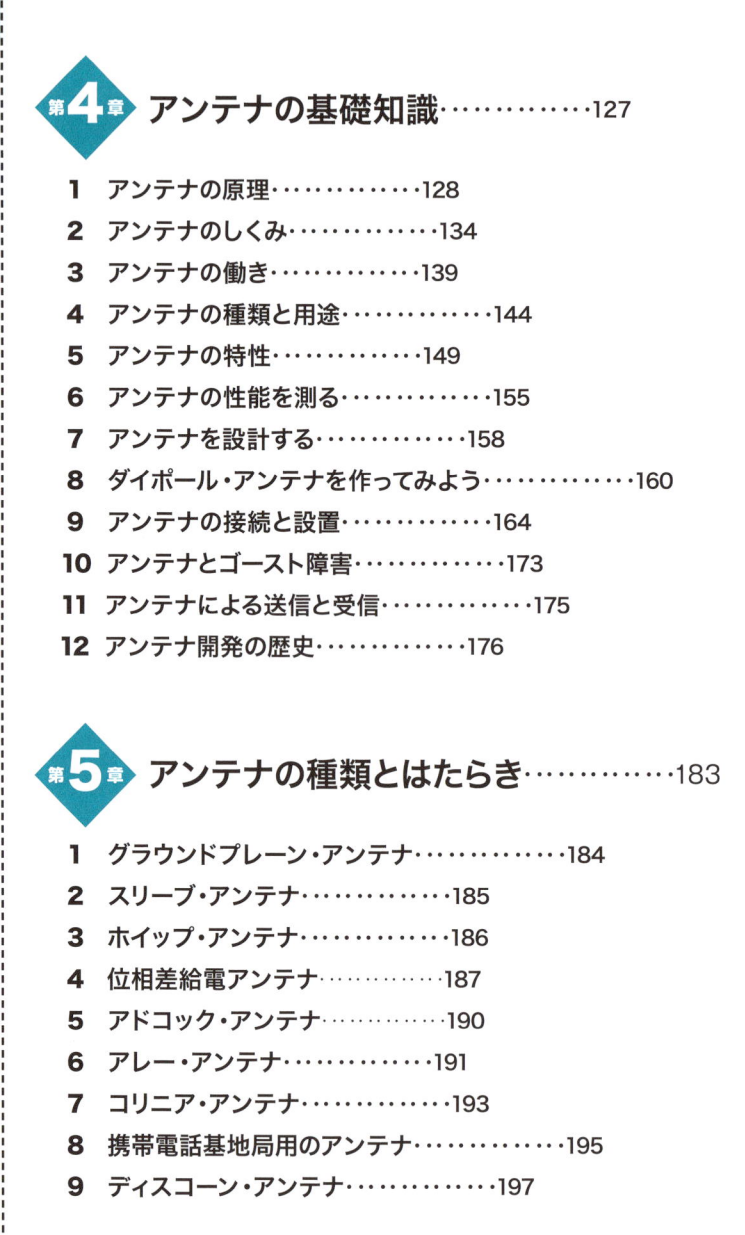

第4章 アンテナの基礎知識……127

1. アンテナの原理……128
2. アンテナのしくみ……134
3. アンテナの働き……139
4. アンテナの種類と用途……144
5. アンテナの特性……149
6. アンテナの性能を測る……155
7. アンテナを設計する……158
8. ダイポール・アンテナを作ってみよう……160
9. アンテナの接続と設置……164
10. アンテナとゴースト障害……173
11. アンテナによる送信と受信……175
12. アンテナ開発の歴史……176

第5章 アンテナの種類とはたらき……183

1. グラウンドプレーン・アンテナ……184
2. スリーブ・アンテナ……185
3. ホイップ・アンテナ……186
4. 位相差給電アンテナ……187
5. アドコック・アンテナ……190
6. アレー・アンテナ……191
7. コリニア・アンテナ……193
8. 携帯電話基地局用のアンテナ……195
9. ディスコーン・アンテナ……197

CONTENTS

10 テレビ・FM局のアンテナ‥‥‥‥‥198
11 八木・宇田アンテナ‥‥‥‥‥201
12 ループ・アンテナ‥‥‥‥‥204
13 パラボラ・アンテナ‥‥‥‥‥206
14 電磁ホーン‥‥‥‥‥208
15 ヘリカル・アンテナ‥‥‥‥‥210
16 列車無線アンテナ‥‥‥‥‥212

用語索引‥‥‥‥‥213
参考文献‥‥‥‥‥222

CONTENTS

◆ コラム｜目次

デジタルの電波？……………99
地震雲……………124
都市部の電波伝搬をシミュレーション……………126
BCLの神様が選んだビバレージ・アンテナ……………138
アンテナ工学入門法……………182

第1章

電波の基礎知識

　電波のもとは電気ですが、電波は見えないし何も感じません。電波による通信が始まったのは1900年頃なので、人類の歴史のなかでも貴重な一瞬に遭遇している私たちは、その生い立ちを知りたくなるでしょう。本章は、ケータイやスマホで何気なく使っている電波の不思議をたどる序章です。

1-1 電波とは

●身近な電波

　携帯電話の普及で、一人一人がパーソナルに**電波**を利用する時代になりました。手のひら辺りから電波が出ているので、まさに身近な電波です。

　電波は見えませんが、そこにあることは携帯のアンテナマークの表示で確かめられます。電波が微弱な場所ではこの表示が消えて、通話できなくなることも経験するでしょう。最近の携帯は地デジの電波も受信できますが、本体に小型アンテナが内蔵されているので、どの辺りにアンテナがあるのかわかりません。しかし、図1-1-1のように本体の大部分をアルミホイルで包むと、テレビ画面の表示がフリーズ（停止）してしまいました。どうやら電波は、金属で囲むとさえぎられるようなのです。

　携帯電話はビルの中のオフィスでもかけられます。地下道を歩いているときにも着信することがよくありますが、電波はどこから来てどこへ出ていくのでしょうか？　新幹線のデッキで携帯電話をかけたことがあるでしょう。時速300km近い速度で移動しているのに、電波はどこへ向かっているのでしょうか？　身近な電波は「不思議の宝庫」です。

図1-1-1　アルミホイルで包むと、テレビ画面の表示がフリーズした。

●電波のもとは電気？

　携帯は、電気を充電して電波を出しています。身近な電気は家庭の100V（ボルト）のコンセントに来ていますが、家電には電源コードで電気を供給しなければなりません。前者は直流、後者は交流という違いがありますが、どちらも電線（配線）がないと、電気は伝わりません。

　一方、電池から生まれて配線を伝わる電気は、最後に携帯から空間へ旅立たなければなりません。電気を激励して未知の空間へと送り出すのは、母（父？）なるアンテナの役割なのですが、そもそも電気はどのようにして電波に変身するのでしょうか？　電波のもとは間違いなく電気ですが、もとの姿と何がどう違うというのでしょうか？

　電波は空間に充満しています。目の前には地デジの電波が飛び交っていますが、携帯でワンセグ放送を見ているときには、間違いなく電波の一部がアンテナにまとわりついて、受信回路に到達しているのです。

　映像の表示や電波の送・受信といった電気の仕事は**電力**と呼ばれています。回路の配線を触ってビリビリ感じると、電気はいかにも仕事をしていると思いますが、電波は見えないし何も感じません。電波のもとが電気であれば、いったい何が違うのでしょうか？

図1-1-2　電気が電波に変身？

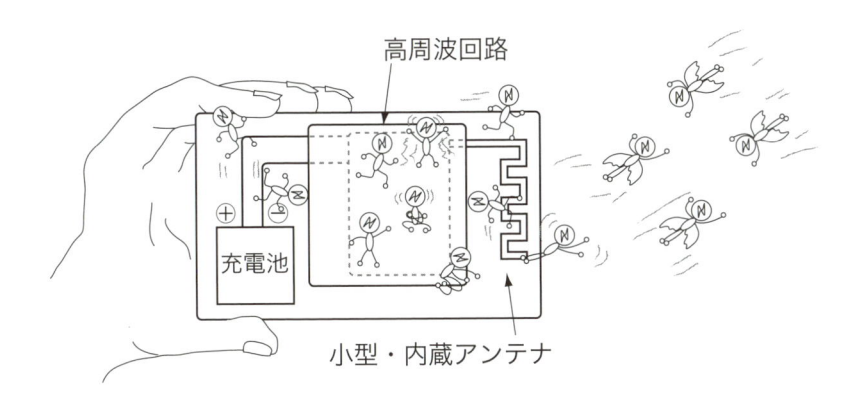

1-2 電波の発見とその歴史

●ヘルツの大発明

　図 1-2-1 は、筆者らがミュンヘンにあるドイツ博物館で撮影した世界初のアンテナで、床に横たわっている球体付きの長い棒は、**ヘルツ・ダイポール**と呼ばれています。中央の小さな2つの金属球にはギャップ（すき間）があり、そこから左右に伸び導線の先に、サッカーボールくらいの金属球体が付いています。ギャップには、高電圧を発生する誘導コイルの両端から出した導線（写真にはない）がつながり、自動車のイグニッションのように火花放電を発生させて電波を送り出します。

　ドイツの物理学者ハインリッヒ・**ヘルツ**（1857～1894年）は、図 1-2-1 のような実験装置を作って、イギリス（スコットランド）の理論物理学者ジェームス・クラーク・**マクスウェル**（1831～1879年）が予言した電波の存在を、見事に実証しました。

図 1-2-1　ヘルツダイポール・アンテナ（ドイツ博物館にて）

● ヘルツの実証

　ヘルツダイポールと**誘導コイル**は、**ヘルツ発振器**とも呼ばれています。これらは電波を出す装置なので、今日の送信機と送信アンテナに相当します。ここから放射され、空間に存在すると予言された電気の波（電波）は、どのようにして観測されたのでしょうか。

　ヘルツは、図1-2-2のようなループ状の装置で、これに受信された電波を確かめようとしました。ドイツ博物館の展示で、中央の棚に置かれているのがこの装置です。ループの先端にギャップを設けた小さな金属球がありますが、誘導コイルの近くで電気を感知する（誘導電流が流れる）と、ギャップに火花放電が発生します。あるとき彼は、この装置を誘導コイルから遠くへ離しても火花が観測できることに気づきましたが、これは現在の受信機にあたります。

　ヘルツは世界初の実証実験に成功しましたが、意外なまでに慎重だったようです。1886年12月に恩師ヘルムホルツに宛てた手紙に、「こういった実験すべてに誤りとか間違った解釈をする危険があることは明らかですが、十二分の実験によりその現象を私なりの解釈が正しいという推論が証明されております。」（『天才物理学者 ヘルツの生涯』山崎岐男著、考古堂）と書いています。

図1-2-2　ヘルツの受波装置による電波の観測

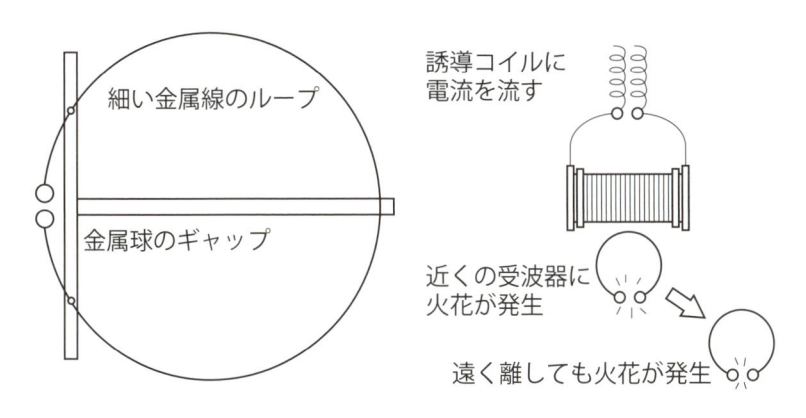

●マクスウェルのスケッチ

　電波の存在を確かめたのはヘルツですが、彼よりも前に電波を予言したのは、イギリス（スコットランド）の物理学者 ジェームス・クラーク・**マクスウェル**（1831～1879年）です（図1-2-3）。

　マクスウェルは、小さいときから絵を描いて一人遊びに夢中になる少年でした。彼が師と仰いだイギリスの物理学者マイケル・**ファラデー**（1791～1867年）は、磁気の分布を**磁力線**で表すことを考案しました。またファラデーは、コイルの中の磁力線が変化しようとする向きとは反対向きの磁力をコイルが作ることで電気が発生するという**電磁誘導現象**も発見しており、彼はやはり「絵」でこの現象を説明しています。

図1-2-3　ヘルツ（左）とマクスウェル

　マクスウェルもファラデーと同じように、まず絵で思考実験を重ねました。図1-2-4は、マクスウェルが描いた**平行平板コンデンサー**の周りに分布する力線の緻密なスケッチです（A TREATIES ON ELECTRICITY & MAGNETISM 復刻版より引用）。

　金属平板に垂直な線は**電気力線**ですが、これはファラデーが考案した電気の力を視覚的に表現する仮想的な線です。また電気力線に直交している線は、同じ電位の点を連ねた線すなわち等電位線です。

図1-2-4　平行平板間にできる力線

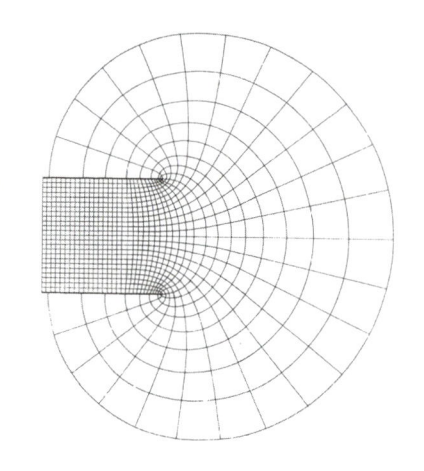

● 電波の予言

マクスウェルは、作図だけでなく数学も得意だったので、磁力線を数式で解き、1857年『ファラデーの力線について』という論文を発表しました。また1861～64年に『物理学的力線について』と『電磁場の力学理論』を発表してマクスウェルの方程式を導き、ついに「確実に電波が発生する」ことが予言されたのです。

彼は、図1-2-5（a）のように「電流によって電線の回りに磁力線が生じる」ときに、図1-2-5（b）のようにコンデンサーの周りについて考えました。

「電極板の間は空間で電子の移動はないので電流は流れない。磁力線がコンデンサーの部分だけとぎれているのは不自然だ。電極板間にも**磁力線**が発生するのではないか」。そこで彼は、何もない電極間にも「磁力線を発生させる何か」があると考えました。

電流が流れている間は、コンデンサー内では電極に貯まる電荷が変化しています。そして電荷が貯まるにつれて、電気力線が変化しています。つまり、彼の捜していた「磁力線を発生させる何か」とは、「変化する電気力線」だということだとわかりました。

図1-2-5　コンデンサー周りの電磁界

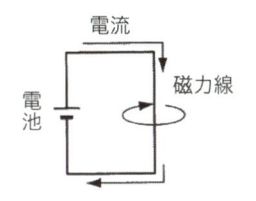

（a）アンペアの右ネジの法則

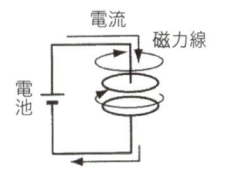

（b）コンデンサーの周りにも導線の周りと同じ磁力線ができると考えた

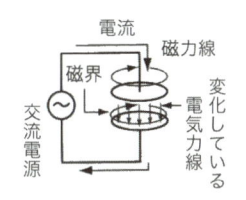

（c）変化している電気力線の周りにも磁力線が発生することを発見した

●電波を生み出す方法は？

マクスウェルは、磁力線が発生するのは電流の周りだけでなく、**変化する電気力線**の周りにも磁力線が発生することを見出しました。この仮想的な電流は、彼によって**変位電流**と名づけられ、導体内の電流（**伝導電流**）と一緒にしてこれを電流とすれば、電流はすべての場所で連続であるという方程式が生まれました。しかし実際の平行平板コンデンサーでは、その周りから、マクスウェルが思考実験したような強い電波は放射されません。

図 1-2-6（a）の平行平板コンデンサーに交流の電流を流すと、空間を変位電流が流れ、その量は交流の周波数が高いほど大きくなります。点線は電気力線の様子を表していますが、この図では、**電波**は極板の間にだけ発生することがわかります。

図 1-2-6（b）は、板を直方体に変えたもので、図 1-2-6（a）よりも広い空間に変位電流が流れやすいことがわかります。また図 1-2-6（c）は、これを球体にしたもので、空間に対して表面積を増やして電気力線が空間に広がりやすくしています。これらから類推できるのは、電極間に電気力線が集中している図 1-2-6（a）や図 1-2-6（b）では電波はほとんど放射されないが、図 1-2-6（c）の点線が示すように、電気力線が空間に広がっているときに電波の放射が発生するということです。図 1-2-6（c）は、図 1-2-1 のヘルツダイポール・アンテナと同じ構造であることがわかるでしょう。

図 1-2-6　電波を生み出す方法

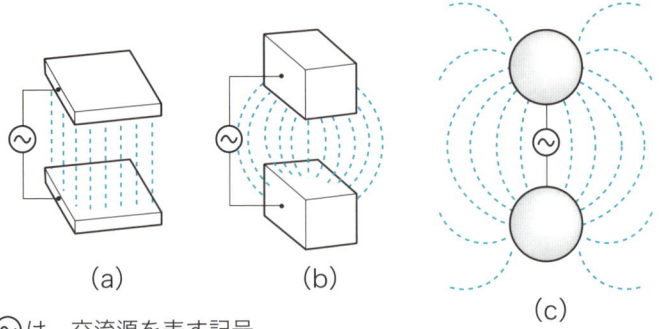

(a)　(b)　(c)

〜は、交流源を表す記号

(c) は、ヘルツ・ダイポール

●ヘルツダイポールの周りの電気力線と磁力線

図1-2-7(a)は、**ヘルツ・ダイポール**の周りにできる電気力線をパソコンで計算した結果です。小さい円錐形で表現していますが、連ねていくと電気力線をイメージできます。

前ページの図1-2-6(c)のように、上下の金属球体間に電気力線が分布し、コンデンサーのように電気エネルギーが集中していることがわかります(電磁界シミュレータ **XFdtd** を使用)。

また電気力線は、球体表面から垂直に出て、もう一つの球体表面に垂直に入っていることに注目してください。このため球体の側面付近では、水平方向へ押し出されるような長い経路をたどる電気力線になります。

図1-2-7(b)は水平面の磁力線のようすですが、球体同士を結ぶ導線の周りに磁力線がまとわりつくように発生して、ループ状に広がっていることがわかります(回転の向きが交互に変わることにも注意してください)。

図1-2-7(a) ヘルツダイポールの周りの電気力線

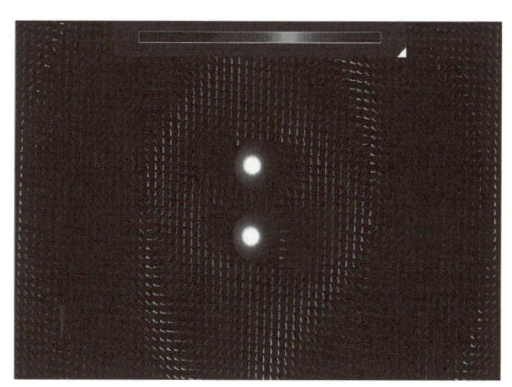

図1-2-7(b) ヘルツダイポールの周りの磁力線

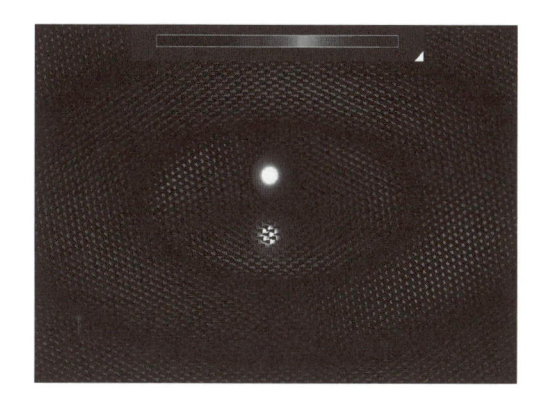

1-3 電波と電磁波の仲間たち

●電波はエレキの波？

電波ということばは、誰が名付け親なのでしょうか？　図1-3-1は、物理学者**長岡半太郎**（1865～1950年）の論文の一部です。日本では、ヘルツの実験の発表からわずか1年後に、彼が追試験を行っています。『ヘルツ氏実験』（理學協會雜誌第七輯）は縦書きの論文で、明治22年（1889年）の発行です。

図1-3-1の論文の図は、ヘルツが1888年に発表した実験方法の図を、長岡半太郎博士がそのままトレースした図です。また図1-3-2は、**ヘルツ・ダイポール**と**受波装置**だけを描いています。ヘルツは、受波装置のループの長さを変えて観測した結果、ある長さで火花が最も強くなることを知りました。これはヘルツダイポールを構成する金属球または金属板の寸法や相互の距離などで決まる、特定の周波数を発生する**共振**と呼ばれる現象を確認した実験です。

図1-3-1では、**ヘルツ発振器**の片側の平板に平行にもう一つの平板を置き、そこから導線を12m引き出しています。そしてこれに沿って、直線導線の周りを受波装置で調べ、**火花の強弱が周期的に現れること**を発見しました。

火花が出ない場所が2.5、5.1、8mの所にできたので、これを波のでき方

図1-3-1　長岡半太郎博士の論文（明治22年）

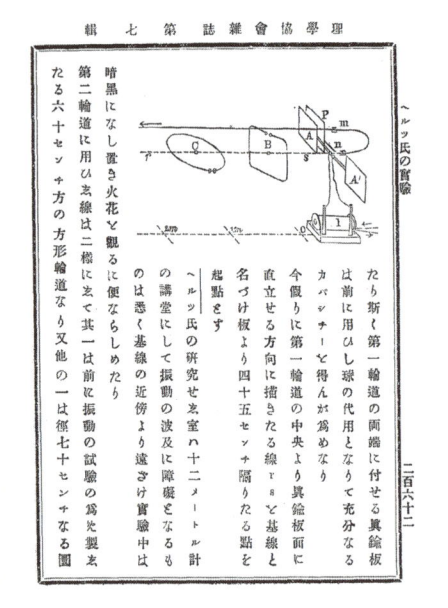

で考えれば、間隔は波長の半分になるはずなので、電波の波長は約5.7mで

あることがわかったのです。

ところで、長岡半太郎博士は論文の中で電波のことを「**越歴振動**の傳達」と書いていますから、明治22年には、まだ電波ということばはなかったようです。

図 1-3-2　受波装置の火花の大きさを観測した実験

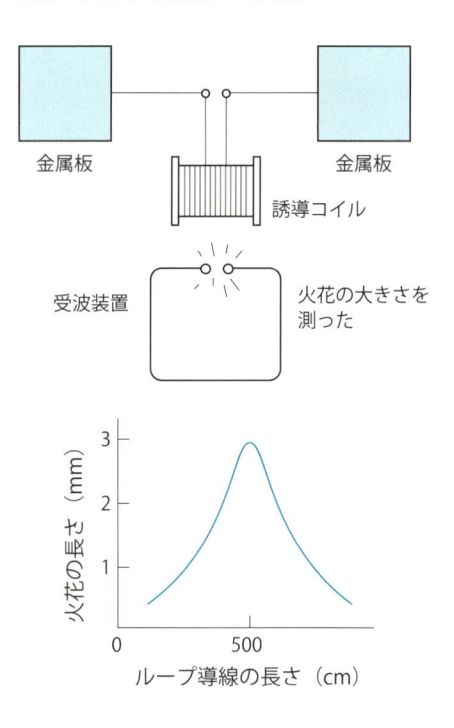

越歴はエレキすなわち電気のことですが、電気という訳語が使われるようになったのは明治の中頃といわれています。そして電気の波、すなわち電波という用語も、これ以降に使われるようになったと思われます。

●電波と電磁波の違い

これまでは特に注意せず**電波**といってきましたが、最近は**電磁波**ということばもよく耳にします。そこで、まず両者の違いをはっきりさせておきましょう。

電磁波は、文字通り「**電界**」と「**磁界**」の「波」です。ここで**電界**とは電気力線で表される電気力が働く場所（界）のことをいいます。また、**磁界**とは磁力線で表される磁気力が働く場所（界）のことをいいます。

　電波と電磁波はことばが似ていますが、日本の**電波法**では、電波は「3THz（テラヘルツ）以下の電磁波」と定義されています。テラは10の12乗を表すので、3THzは1秒間の振動数が3,000,000,000,000回ということです。

　マクスウェルは電磁波の存在を予言しましたが、空間を伝わる**電磁波の速さ**も理論的に計算しています。その値はほぼ$3×10^8$ [m/s]ですが、これは**光の速さ**と同じです。そこで彼は、光は電磁波の一種であるという光の電磁波説（1861年）を提唱しました。

　マクスウェルは、ファラデーに宛てた手紙に図1-3-3のイラストを描いています。これは光が寒天のような物質の中の振動のように伝わるという仮説で、この振動の伝わる速度を計算したところ、秒速193,088マイル（310,678,592m）でした。これより10年ほど前の1849年には、フランスの物理学者**フィゾー**が光の干渉性と回転歯車による実験で、光の速度を秒速31.3万kmと発表しています。

図1-3-3　マクスウェルのイラスト

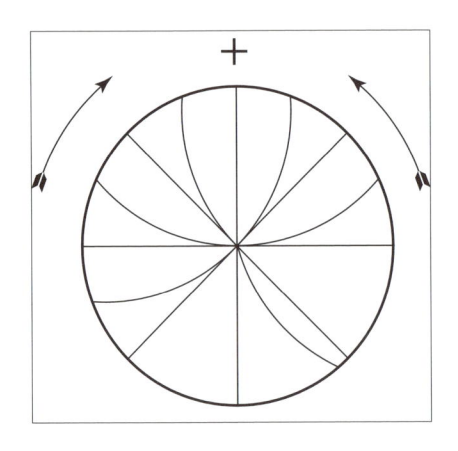

　そこでマクスウェルは、自分の仮説を確信したのではないでしょうか。そしてこのことから、光が電磁波の一種であると予言したのでした。

●電磁波の仲間たち

　光は電磁波の仲間です。マッチやロウソクの炎が発するのも光ですが、これらは電気とは関係がなさそうです。ロウソクが電磁波を発する送信機であるというのは考えづらいのですが、古典的な説明はつぎのとおりです。

　すべての物体は原子の集まりで、原子は原子核（プラスの電荷）と電子（マイナスの電荷）とから成り立っています。物体が熱せられるとこれらの原子が激しく振動して、電荷もやはり振動します。そこで、「電子の振動は電磁波を発生する」ということになり、**光**（電磁波）を発します。

　物体の温度が高くなると、電子は激しく振動してその周波数が高くなり、波長が短くなります。そこで、ある一定の温度以上になると、発生する電磁波はちょうど**可視光**の波長になって見えるというわけです。

　図1-3-4に電磁波の**周波数区分**を示します。

図1-3-4　電磁波の周波数区分

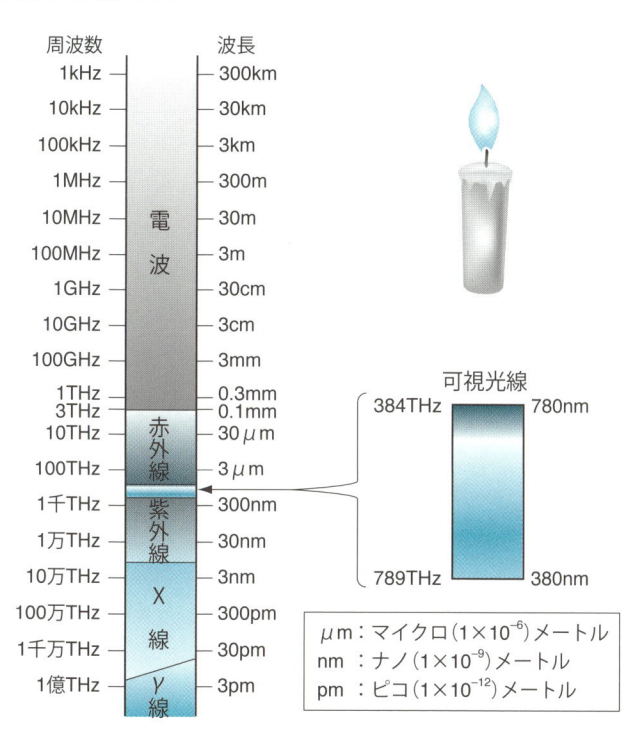

周波数	区分	波長
1kHz	電波	300km
10kHz		30km
100kHz		3km
1MHz		300m
10MHz		30m
100MHz		3m
1GHz		30cm
10GHz		3cm
100GHz		3mm
1THz		0.3mm
3THz	赤外線	0.1mm
10THz		30μm
100THz		3μm
1千THz	紫外線	300nm
1万THz		30nm
10万THz	X線	3nm
100万THz		300pm
1千万THz		30pm
1億THz	γ線	3pm

可視光線：384THz～789THz、780nm～380nm

μm：マイクロ（1×10^{-6}）メートル
nm：ナノ（1×10^{-9}）メートル
pm：ピコ（1×10^{-12}）メートル

1-4 電波のさまざまな性質

●波の表し方

　池に小石を投げると、水面に波ができて波紋が広がります。この波をよく観察すると、水が上下方向に振動しながら、その方向と垂直に進んでいることがわかります。このような波は**横波**と呼ばれていますが、浮いている枯れ葉がその場で上下動を繰り返しているのを見たことがあるでしょう。しかし大津波を考えると、波の振動するエネルギーは、進行方向へつぎつぎに伝わっていくことがわかります。

　もう一つ別の種類の波は、音を伝える波すなわち音波です。声を発すると喉が振動して、空気の振動となって空間を伝わりますが、空気を構成している窒素や酸素などの分子は、音波が伝わる方向の前後に振動しています。このような波は**縦波**と呼ばれていますが、空気の分子は先まで進むわけではなく、その位置で前後に振動しています。

　さて電磁波も波ですが、電磁波は電界と磁界が振動しながら進み、進行方向は電界と磁界の振動方向とは垂直です。つまり両者とも「横波」として伝わっていくのです。図1-4-1は電界または磁界の波を表しています。山から山あるいは谷から谷までの距離を**波長**といいます。また波が1秒間に振動する数を**周波数**といい、物理学者ヘルツに因む**Hz**（**ヘルツ**）という単位で表します。

図1-4-1　電界または磁界の波

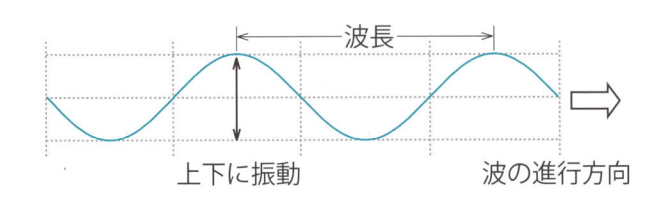

●直進する電波・回折する電波

　電波は電磁波の一種で、光も電磁波なので、電波も光と同じように直進する性質があると考えられます。ヘルツは、後に電波と呼ばれるようになる電気振動の実験を繰り返す中で、図1-3-2で示したヘルツダイポールと受波装置の間に金属板を置いて、電波をさえぎることを確認しました。

　光も金属板でさえぎられますが、板の大きさによっては**回折**してその先へも進みます。また、光はよく研かれた金属板の表面で反射しますが、電磁波も金属板の表面で反射され、光と同じような性質があります。

　図1-4-2は、棒状のダイポール・アンテナの先に金属板があるときの電界の強さをカラースケールで表しています。電界の波はダイポール・アンテナの右側に向かって広がっているのがわかりますが、金属板にさえぎられた先の左側の空間へは、あまり伝わっていないように見えます。しかしよく観察すると、弱いながらも金属板の先に進む波が確認できるので、電波も回折が起こることがわかります。

図1-4-2　ダイポール・アンテナの近くにある金属板の影響

●電波の反射

電波は金属板で反射します。図1-4-3は金属表面の電流と、空間の磁界を表示しています。磁界（磁力線）は金属表面に平行に走っていますが、これにより金属表面には、ファラデーが発見した**誘導電流**が流れます。

IH（電磁）調理器は、鉄鍋の底に強い交流磁界を当て、誘導電流を発生させて、鉄の電気抵抗による発熱を利用しています。またこの誘導電流のことを**渦電流**ともいいます。

さて、時間変化する電流が金属に流れると周りに磁界が発生し、その変動する磁界は変動する電界を発生します。これはマックスウェルが予言した電磁波の誕生ですが、金属板からは電磁波が**再放射**され、図1-4-3の右方向へ強く放射されることになるのです。このようにして生まれた電波は、光と同じように金属板で反射した電波、すなわち**反射波**とも呼ばれています。

金属板の裏面にも電流は流れて裏側からも再放射されるので、電波の回折現象として観測されるというわけです。

図 1-4-3　送信アンテナの近くにある金属板表面の誘導電流

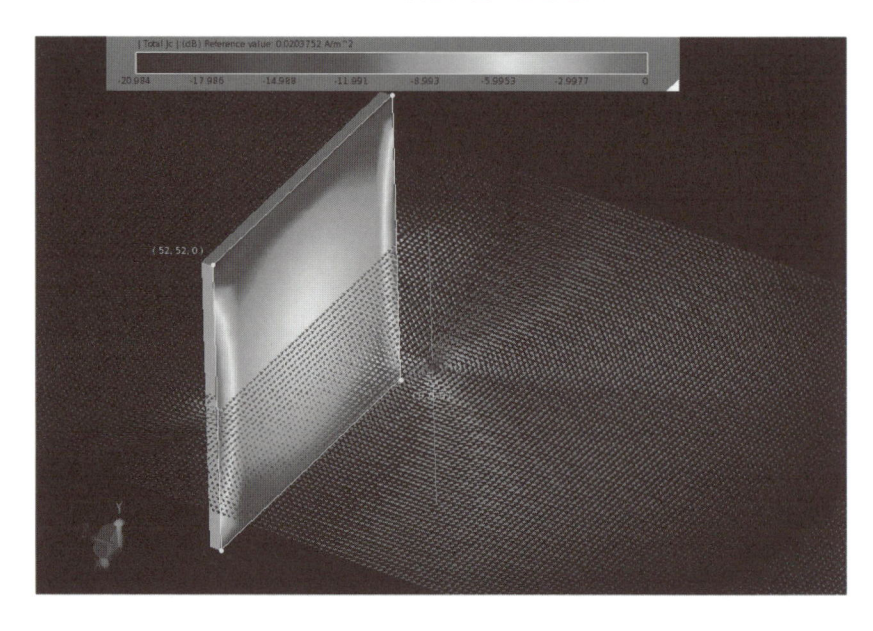

●電波の広がり

電波は金属のような障害物がなければ、空間を直進して広がります。電波を発生するのは**アンテナ**ですが、すべての方向へ均一に放射されるのではなく、その形状や種類によって、ある特定方向へ強く放射されるのが一般的です。

カーラジオを聞きながら長距離ドライブを楽しんでいると、送信アンテナから遠く離れるにつれて受信の状態が悪くなることに気づくでしょう。電波は、空間に向かってどのように拡散しているのでしょうか？

図1-4-4は、空間にある小さい豆電球から発する光（電磁波）が空間全体に広がるようすです。点光源からの距離 r が大きくなるにつれて光があたる球体の表面積は r^2 に比例して増え、単位面積あたりの光の強さは $1/r^2$ に比例して小さくなることがわかります。

例えば、図1-4-4の r_1 が電球から1メートル、r_2 が2メートルの距離であれば r_2 の点での強さは4分の1ですが、r_2 が100メートルと100倍遠ざかれば、受信する電波の強さは10,000分の1になってしまうという計算です。このことから、送信アンテナから離れるほど受信点の電波が弱くなる理由がわかります。

実際の送信アンテナは、長い棒状のものが多く、図1-4-4のようにきれいな球面が広がるわけではありません。また、アンテナは地面のすぐ上にあるので、球面の下半分に放射された電波は、地面で反射されます。そこで、大まかには「受信する電波の強さは、ほぼ距離 r に反比例して小さくなる」と覚えておきましょう。

図1-4-4　豆電球から発する光（電磁波）の広がり

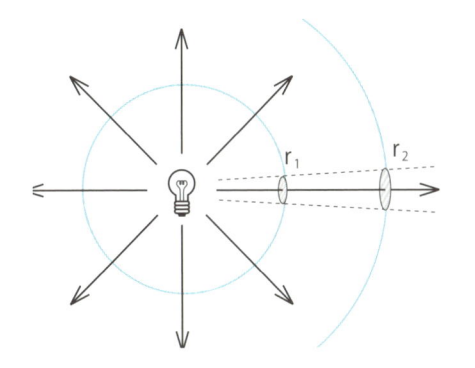

1-5 電波を識別する周波数帯

●電波の周波数と用途

　ダイポール・アンテナの長さは、波長のほぼ半分のときに共振現象が発生して、最も強い電流が流れます。このことは、周波数が低い（つまり波長が長い）**AM ラジオ放送**では、長い送信アンテナが必要になることを意味しています。

　また、携帯電話では、1GHz（ギガヘルツ）前後の周波数が使われていますが、半波長の長さは 15cm ですから、収まりやすい寸法です。

　図 1-5-1 はテレビ放送用の送信アンテナで、ダイポール・アンテナを 2 本、金属網状の反射板から 1/4 波長離した位置に設置しています。

　UHF 帯は波長が 39 〜 63cm の範囲で、**東京タワー**ではこのアンテナを 8 段にして、全方向をカバーできるように、タワーの 4 面に配置しています。

　アンテナの大きさは、主に周波数（または波長）によって決まるので、使用する電波の周波数によって最適な用途が異なります。

　電波は周波数が高いほど直進性が強くなりますが、水滴や水蒸気に吸収されやすいので、伝わる距離が天候に左右されます。一方、周波数が低いと直進性は弱くなりますが、大きな障害物の先にも伝わりやすいという性質があります。電波は、ある周波数範囲を定め、それぞれを**周波数帯**あるいは帯を意味する**バンド**とも呼んでいます。表 1-5-1 は電波の周波数帯と、その性質や用途をまとめています。

図 1-5-1　テレビ放送用の送信アンテナ

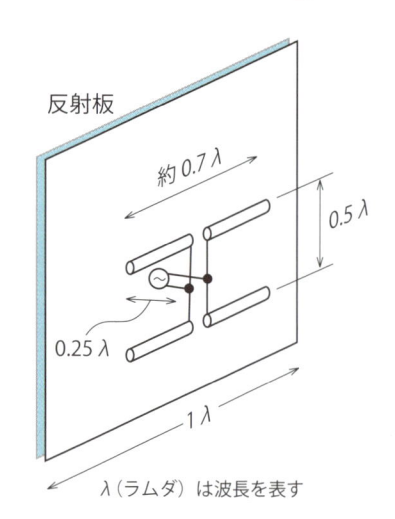

反射板
約 0.7λ
0.5λ
0.25λ
1λ
λ（ラムダ）は波長を表す

表 1-5-1　電波の周波数範囲（周波数帯）とその性質・用途

電　波	周波数帯	性質・用途
超長波 VLF (Very Low Frequency)	3 〜 30kHz	地表に沿って伝わり、水中でも数十メートル先まで届くので、無線走行用の電波「オメガ（10.2kHz）」と潜水艦の通信にも使われている。
長波 LF (Low Frequency)	30 〜 300kHz	非常に遠くまで伝わる。40kHz や 60kHz は標準電波として使われ、電波時計が受信して時刻を修正する。
中波 MF (Medium Frequency)	300kHz 〜 3MHz	上空約 100 キロメートルにできる電離層（E 層）で反射し、AM ラジオ放送で使われている。船舶や航空機の通信用にも使用されている。
短波 HF (High Frequency)	3 〜 30MHz	上空約 200 〜 400 キロメートルにできる電離層（F 層）で反射して、地表と反射を繰り返して、地球の裏側まで届く。各国の国際放送や、船舶通信、アマチュア無線にも使われている。
超短波 VHF (Very High Frequency)	30 〜 300MHz	直進性が強く、電離層での反射は弱いので、比較的近距離の通信に使われる。山や建物もある程度回り込んで伝わり、タクシー無線や航空管制などでも使われている。
極超短波 UHF (Ultra High Frequency)	300MHz 〜 3GHz	伝送できる情報量が多く、小型のアンテナと送受信機で移動体通信に最も多く使われている。携帯電話や地上波デジタルテレビ放送、電子レンジ（2.45GHz）も極超短波。
マイクロ波 SHF (Super High Frequency)	3GHz 〜 30GHz	伝送できる情報量が多く、直進性が強く、光に似た性質があり、パラボラアンテナを使用して、レーダーに使われている。1GHz 〜 30GHz の電波は電離層を突き抜け、雨や霧にも吸収されにくいので、衛星放送や衛星通信に使われている。単にマイクロ波といったときには、これよりも広い範囲を指す場合がある。一般には、電子レンジの 2.45GHz もマイクロ波といわれている。
ミリ波 EHF (Extra High Frequency)	30GHz 〜 300GHz	光の性質に近く、強い直進性があるが、降雨のときには遠くへ伝わらない。そこで近距離用の通信に使われ、電波望遠鏡、ミリ波レーダーや自動車追突防止レーダーにも使われている。

1-6 電波を表す単位

●ヘルツに因む Hz（ヘルツ）

1-4 節の図 1-4-1 で、電界または磁界の波を示しました。波が 1 秒間に振動する数を**周波数**といい、単位は物理学者ヘルツに因む **Hz（ヘルツ）**です。

図 1-6-1 は、空間を伝わる電磁波の電界と磁界、両方の波を描いています。E で示す $\pm x$ 方向に振動する波は電界、H で示す $\pm y$ 方向に振動する波は磁界で、電磁波は z 方向に進んでいます。山と谷の位置を調べると、z 軸上のある点（すなわち同じ時刻）では、両者の波の位置や状態がそろっているので、これを**同相**といいます。ここで「相」とは、人相や手相の相と似た意味で使われ、同じ時刻で測った波の位置や状態を**位相**と呼んでいます。

図 1-6-1　空間を伝わる電磁波の電界と磁界

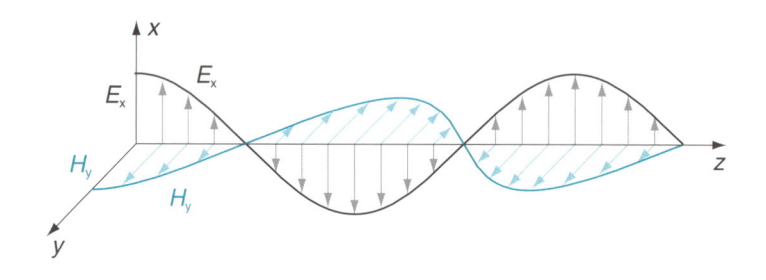

図 1-6-1 はきれいな**正弦波**ですが、携帯電話などの実際の電波は、山の高さや波の形状がまちまちです。このような場合でも、波が 1 秒間に振動する数を測れば周波数は一定値で表せます。

カーナビで使われている **GPS**（全地球測位システム）の電波は、周波数が 1.5GHz（ギガヘルツ）です。ギガは 10 の 9 乗を表すので、1 秒間に振動する数は 1,500,000,000 回、波長は 20cm です。AM ラジオ放送は kHz（キロヘルツ）、**FM 放送**や**テレビ放送**は MHz（メガヘルツ）、無線 LAN や電子レンジは GHz（ギガヘルツ）の電波を使っています。

●電波の仕事の単位

電気の仕事率は、単位時間に消費される電気エネルギーで表し、それを**電力**といいます。電力 P は、オームの法則から、

$$P = EI = I^2R = \frac{E^2}{R}$$

ここで、P：電力、E：電圧、I：電流、R：抵抗なので、アンテナに加える電圧と流れる電流がわかれば、電力の値もわかります。アンテナに加えた電力がまったくもどらずに100%電波となって放射されれば、空間にはその電気エネルギーが放出されたと考えられます。

電波のもとは交流の電圧と電流ですが、平均値を考えるとプラスとマイナスが打ち消し合ってゼロになってしまいます。

そこで電力を基準に考えると、直流の電力＝電圧×電流と同じように、交流でもこの式が使えるように、逆に交流の電圧と電流を決めます。図1-6-2の電力は、瞬間の電圧と電流をかけた値になっていますが、電圧がマイナスのときは電流もやはりマイナスなので、かけ算した電力はプラスになります。電力の平均値は最大電力の1/2になるので、交流の電圧と電流の各最大値の $1/\sqrt{2}$ とすればよいことになります。

交流電圧や交流電流の最大値の $1/\sqrt{2}$ を**実効値**または **RMS** といい、アンテナに入力されて電波となって出ていく電力は、この実効値が使われています。

図1-6-2　交流の電圧、電流と電力を表したグラフ

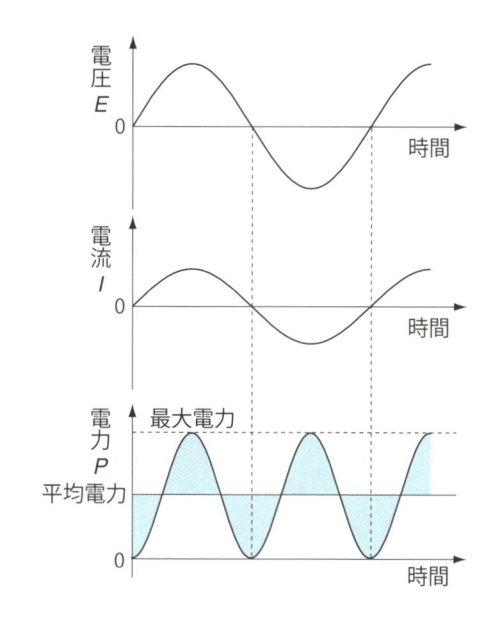

1-7 電波を発生させる

●ヘルツの発振器

図 1-7-1 は、ヘルツが電磁波の存在を実証した実験装置です。**誘導コイル**には一次側と二次側があり、一次側に静電気を貯めた**ライデン瓶**をつないで、スイッチを高速で入り切りします。これは**トランス（変圧器）**と同じしくみで、一次側コイルと二次側コイルの巻線比に応じて二次側にできる高い電圧によって火花放電を発生させます。

図 1-7-1　ヘルツが電磁波の存在を実証した実験装置

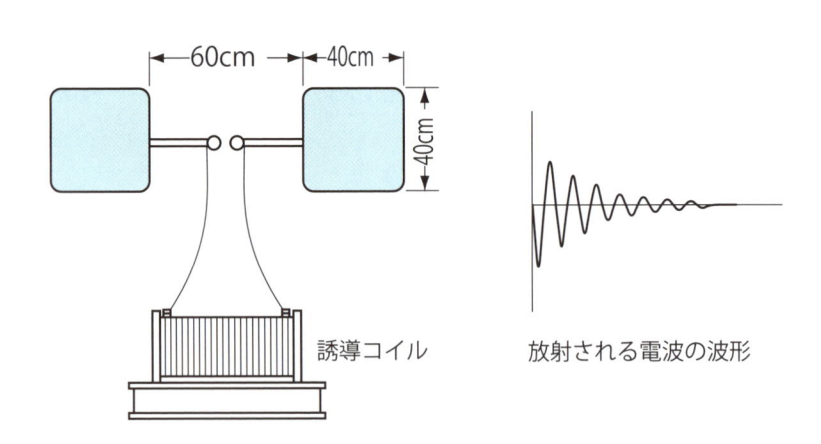

誘導コイル　　　放射される電波の波形

シェーバーの直流モーターは、ブラシと整流子の接触部から火花が発生します。**火花放電**は継続時間が短く急に変化する電気で、低い周波数から高い周波数までの電波が発生し、ラジオなどに**妨害電波**を与えます。

図 1-7-2 は、数学で扱う**デルタ関数**です。時刻 x 以外はゼロで、このとき周波数成分は連続して 1 です。火花放電はこれほど継続時間が短くはありませんが、やはり広い周波数帯にわたって電波を発生します。

図 1-7-2　デルタ関数と周波数の広がり

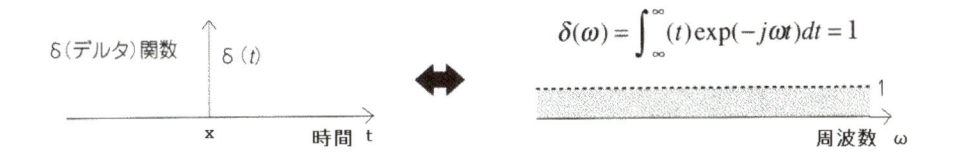

$$\delta(\omega) = \int_\infty^\infty (t)\exp(-j\omega t)dt = 1$$

●必要な周波数を得る方法

　図 1-7-3 は、**長岡半太郎**博士の論文の一部です。1-3節の論文と同じ『ヘルツ氏実験』の別のページです。この図もヘルツの描いた図のトレースで、つぎのページには「ヘルツ氏ハ（略）共振れの理を推して其要點を探究志（変体仮名）遂に越歴波動を容易に研究するの道を開けり」と書かれています。

　この記述によれば、ヘルツは**共振れの理**によって送波装置（ヘルツ・ダイポール）から放射される電波の周波数を求めたようです。当時「共振れ」と呼ばれていたのは、今日の**共振(きょうしん)現象**のことですが、長岡半太郎は、送波装置の棒の長さと半径から**インダクタンス L** を求め、また金属球の半径から**キャパシタンス C** の値を得て、**共振周波数**を計

図 1-7-3　長岡半太郎博士の論文（明治 22 年）

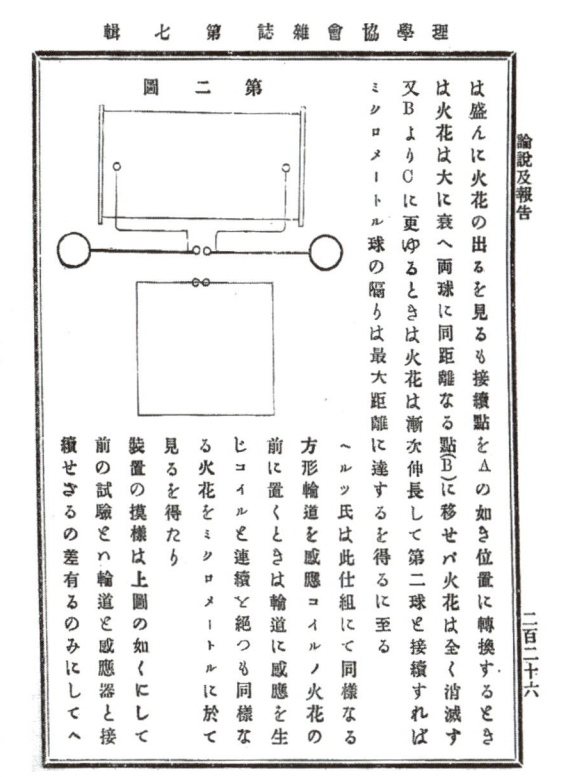

算しています。

　ここで共振現象について考えてみましょう。共振は**共鳴**ともいい、管楽器の共鳴現象は、空胴の大きさで共鳴（共振）する音の高さつまり周波数が決まります。一方、電気の共振は**コンデンサー**による**電気エネルギー**の保持とコイルによる**磁気エネルギー**の保持が交替で繰り返され、この繰り返しの時間で共振の周波数が決まります。

　共振現象を利用すれば容易に大きな電磁エネルギーが得られるので、一般にアンテナは、ある動作周波数で共振させて使うように設計されています。図1-7-4は、図1-7-1のヘルツ・ダイポールをパソコンで計算した結果で、左右の金属板の縁に沿って強い**電荷**が分布していることがわかります。60MHz付近で共振しており、ヘルツの実験結果に近いことがわかりました。

図1-7-4　ヘルツダイポール（図1-7-1）の電荷分布
　　　　（電磁界シミュレータSonnetを使用）

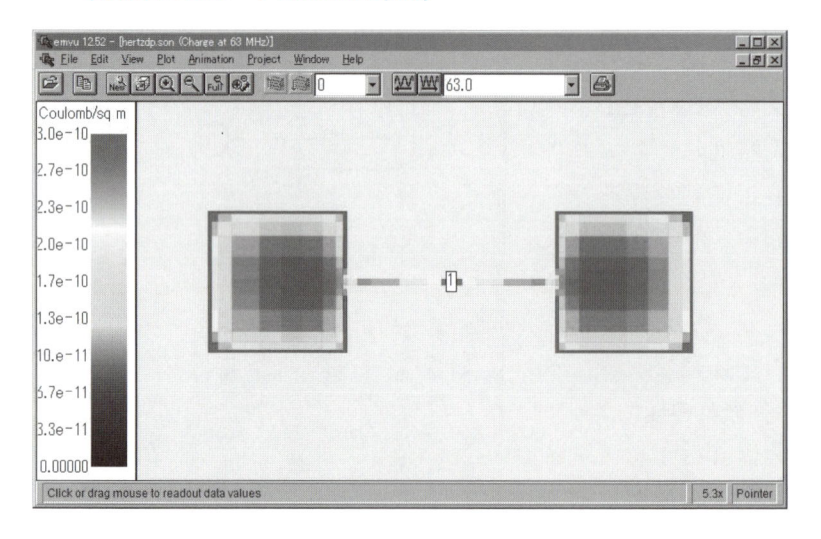

●アンテナのすぐ近くでは電波はできない？

　図1-7-5はヘルツ・ダイポールの電荷の分布を、ある瞬間でとらえた様子です。**ダイポール**と呼ばれているのは、**プラス極**（ポール：pole）と**マイナス極**の2つ（ダイ：di）の極を持つからです。

図 1-7-5　ヘルツ・ダイポールの電荷の分布

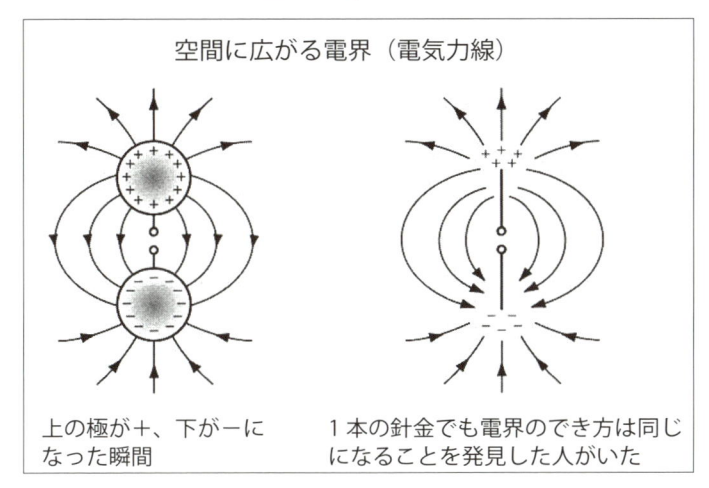

空間に広がる電界（電気力線）

上の極が＋、下が－になった瞬間

1本の針金でも電界のでき方は同じになることを発見した人がいた

　ヘルツ・ダイポールに**高周波**の電圧を加えると、**電気力線**は図 1-7-6 のように変化していると考えられます。プラスとマイナスの電荷を結んだ電気力線が、タバコの煙をはきだすように、空間に放射されていくのがわかります。ここで電気力線の環は、ダイポールから少し離れた場所で生まれていることに注目してください。それらは時間の経過につれてどんどん大きくなり、空間に広がることで電波が**放射**されるのです。

図 1-7-6　ヘルツ・ダイポールの周りに広がる電界（電気力線）

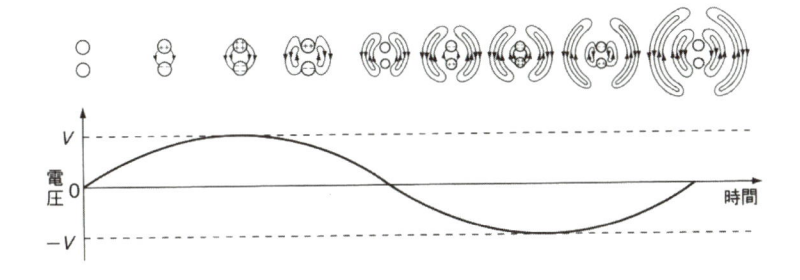

1-8 電波の伝わり方

●電離層とは？

　電波の伝わり方は、図1-8-1に示すように、電離層による反射によって異なります。**電離層**は、地球を取り巻く大気の分子や原子が、太陽光線やエックス線などの宇宙線によって**イオン**に分かれている層です。この層は、金属板のように電波を**反射**する性質を持ちますから、図1-8-1の**F層**と呼ばれる層では短波帯の電波を反射します。**反射波**は地表に向かい、再び反射されて、これらをくりかえすことで、遠距離の通信が可能になります。

　ここで、なぜA層、B層、C層がないのか疑問に思うかもしれませんが、発見した層を電気（Electricity）のEからまず**E層**と名づけ、その後さらに高いところにF層が発見され、さらにE層の下に**D層**が見つかったからだといわれています。

図1-8-1　電離層と電波の伝わり方

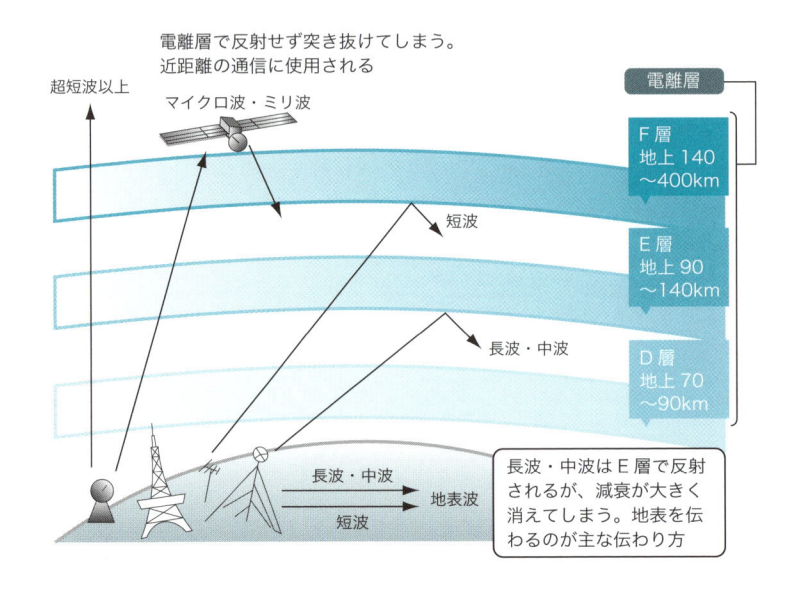

電離層で反射せず突き抜けてしまう。近距離の通信に使用される

超短波以上
マイクロ波・ミリ波
短波
長波・中波
長波・中波
地表波
短波

電離層
F層 地上140〜400km
E層 地上90〜140km
D層 地上70〜90km

長波・中波はE層で反射されるが、減衰が大きく消えてしまう。地表を伝わるのが主な伝わり方

●光の窓・電波の窓とは？

　地球の約300キロメートル上空までは空気や水蒸気があり、ある特定の波長の電磁波は、大気などに吸収されてしまいます。図1-8-2は、**光の窓**や**電波の窓**と呼んでいる波長の範囲を示していますが、宇宙からの電磁波は、これらだけが地上で受信できます。また、これら以外の波長の光や電波は大気で遮られるので、地球にいる私たちは、まさにこれらの窓から覗いて宇宙を観測していることになります。

　図1-8-2の横軸は電磁波の波長で、縦軸は電磁波に対して大気が遮らない、つまり透明になる程度（**透明度**とも呼ぶ）を示しています。30MHz以下の電波は、電離層で吸収・反射されます。また30GHzから**可視光**まで、さらにそれ以上の紫外線は、水蒸気や酸素などに吸収されます。

　もし電波の窓がなかったら、電波望遠鏡も使えないし、人工衛星による通信も不可能になってしまいます。また、逆にすべての周波数で電磁波が遮られることなく宇宙の果てに向かえば、**アマチュア無線家**が使っている短波帯の電波で、地球の裏側と通信することはかないません。

　電離層が見つかる前は、長波による遠距離通信が有望と考えられていたので、アマチュア無線家が使える周波数帯は短波帯へ追いやられました。しかし、そのアマチュア無線家の地道な実験によって、短波帯は電離層で反射するということが確認され、その後の遠距離無線通信の発展に貢献したのです。

図1-8-2　光の窓と電波の窓

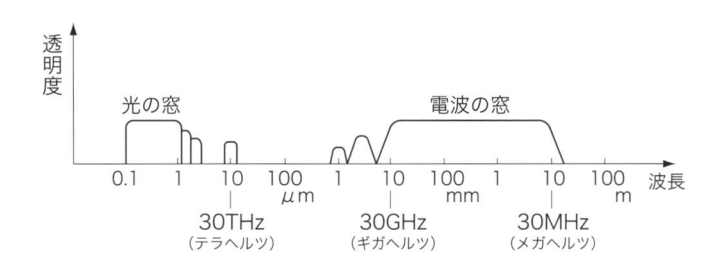

1-9 データの送受信とは

●音声を電波に乗せる方法とは？

音声はマイクロフォンによって電流の強弱に変換できます。**音声信号**は周波数が低いので、これを電波に乗せるためには、いくつかの方法があります。

AM（Amplitude Modulation）は**振幅変調**と訳され、音声信号などを周波数の高い高周波電流の振幅の変化で表す方式です。この高周波を**搬送波**といい、また変調とは、音声信号などを搬送波に組み入れることをいいます。

電波の振幅は妨害波などで変化してしまうので、音声以外の雑音も入りやすくなります。そこで、音の信号を搬送波の周波数の変化に置き換える方式が**FM**（Frequency Modulation）、**周波数変調**です。雑音成分を取り除くことができるので、音楽を放送するのに適しています（図1-9-1）。

図1-9-1　振幅変調と周波数変調のしくみ

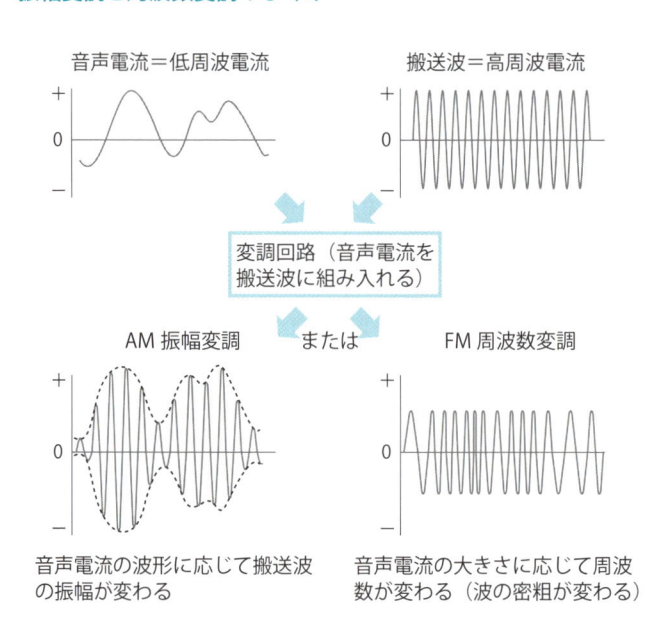

音声電流＝低周波電流

搬送波＝高周波電流

変調回路（音声電流を搬送波に組み入れる）

AM 振幅変調　または　FM 周波数変調

音声電流の波形に応じて搬送波の振幅が変わる

音声電流の大きさに応じて周波数が変わる（波の密粗が変わる）

振幅変調や周波数変調はわかりやすいですが、この他に**位相変調 PM**（Phase Modulation）があります。一般にはほとんど例が見あたりませんが、図 1-9-2 に位相変調の波形を示します。

図 1-9-2（a）は送信したい低周波の信号です。図 1-9-2（b）は搬送波の信号波形ですが、(a) の振幅が変化するにつれて、(c) の変調波形は横軸（時間軸）方向にずれています。

図 1-9-2（c）の波形は、時間間隔と位相が変化しているので、図 1-9-1 の FM 変調波と同じように見えます。アマチュア無線家が使っている FM 無線機には、**可変リアクタンス位相変調**で **FM 波**を出している機種がありますが、これは実際には位相変調を使っています。

以上のように、**アナログ**の信号を電波として送り出すためには、AM、FM、PM の 3 つの方式があります。これらは波の要素である振幅、周波数、位相を変えることで、搬送波である高周波に伝えたい情報を乗せているのです。

図 1-9-2　位相変調の波形

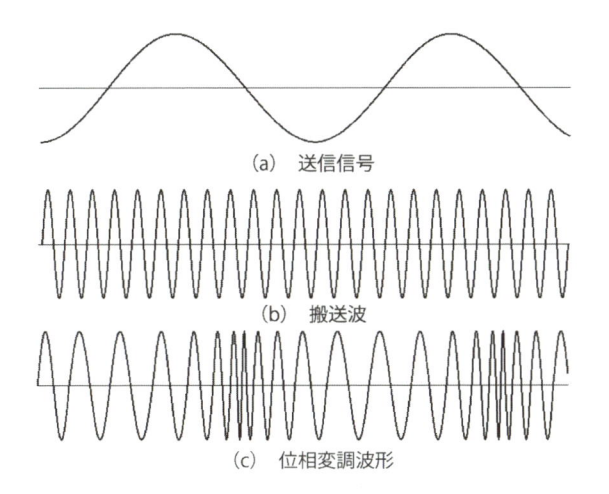

（a）　送信信号

（b）　搬送波

（c）　位相変調波形

●アナログデータのデジタル変換

アナログの信号波形は、図1-9-3に示すような方法で、1と0の2値だけで表すことができます。これを2値化と呼んでいますが、DVDなどの光学記録メディアでは、表面に並んだ小さなくぼみ（ピット）の有無が1と0に対応しています。

アナログ信号は一定の時間間隔で測定されますが、これを標本化またはサンプリングといいます。また、標本化で得たそれぞれの時刻のアナログデータ（連続量）をデジタルデータで近似的に表すことを**量子化**といいます。そして、その値を表すのに用いるビット数を**量子化ビット数**といいます。

図1-9-3の例では6ビットで表していますが、実際のデジタル変換では、8ビット、16ビット、32ビットなどがあります。

例えば、量子化ビット数12ビットで$-10\sim+10V$を変換する場合、20Vを$2^{12}=4096$等分するので、$20/4096\fallingdotseq 5\times10^{-3}$ Vとなり、5mVの違いを区別できます（これを分解能が5mVともいう）。アナログ信号をデジタル値に変換する装置を **A/D変換器**（Analog to Digital converter）と呼びますが、実際の構成ではLSIになっている回路が多く使われています。

図1-9-3　2値化の手順

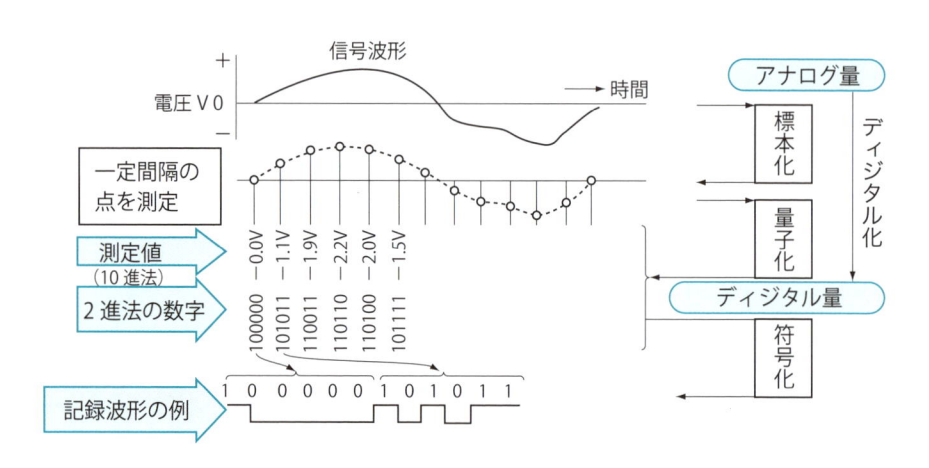

● A/D 変換器のしくみ

　図 1-9-4 は **A/D 変換器**のしくみを簡略化して表しています。上部にあるアナログの電圧入力をデジタル出力するしくみは、つぎのとおりです。
　①同じ抵抗 R を直列に並べて、基準電圧を V_n、V_{n-1}、…と分圧する。
　②その分圧と入力アナログ電圧を比較して、どの区分かを判断する。
　③符号器によりデジタル値に変換する。

　図 1-9-4 の右側は、抵抗器で電圧を分割する部分を抜き出した回路です。5 分割の例を示すと、同じ抵抗 R を 5 個直列に並べ、一番上の端子に基準電圧 E を加えて、一番下を接地します。

　電流を I とすると、**オームの法則**から、$E = I×5R$ なので、$I = E/5R$ となり、各分圧はつぎに示すように、基準電圧 E を 5 等分しています。

$V_1 = I×R = (E/5R) ×R = E/5$
$V_2 = I×2R = (E/5R) ×2R = 2E/5$
$V_3 = I×3R = (E/5R) ×3R = 3E/5$
$V_4 = I×4R = (E/5R) ×4R = 4E/5$
$V_5 = I×5R = (E/5R) ×5R = 5E/5$

図 1-9-4　A/D 変換器のしくみ

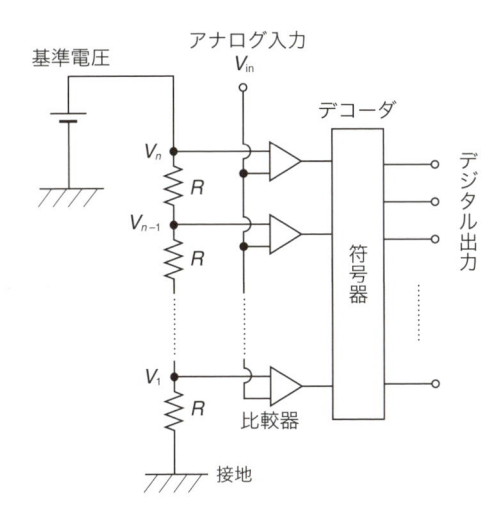

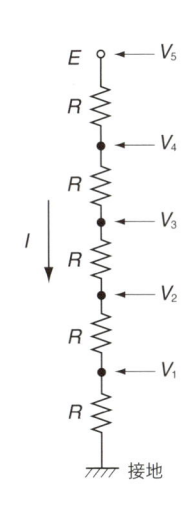

●携帯電話のしくみ

　携帯電話は、1GHz 前後の**極超短波（UHF）**を利用した無線システムです。高周波の送受信は、図 1-9-5 に示すように高周波信号をアンテナに送って電波を送信する**回路ブロック**と、**アンテナ**で受信した高周波信号を音声信号やデジタルデータに変換する回路ブロックで構成されています。

　アンテナで受信した信号は、目的の周波数以外にもさまざまな周波数の信号が含まれており、**RF BPF（高周波バンドパスフィルター）**を使って必要な信号だけを取り出す必要があります。

　ミキサ（周波数変換器）は発振器の信号と混合され、より低い中間周波に変換されますが、その出力信号にはさまざまな周波数が含まれるので、不要な信号を除く **IF BPF（中間周波バンドパスフィルター）**が必要になります。

　送信のときには、図 1-9-5 の下段に示すように逆の順になり、やはりミキサで周波数変換を行ったときに発生する不要な周波数成分を除き、出力電力を得るパワーアンプでも発生する高調波を、RF BPF で取り除きます。

　フィルターは、ドリップコーヒーの紙フィルターのように濾し器という意味があります。図 1-9-5 の携帯電話の回路では、ある帯域だけを通過させる BPF（Band Pass Filter）が使われています。

図 1-9-5　携帯電話の回路ブロック図

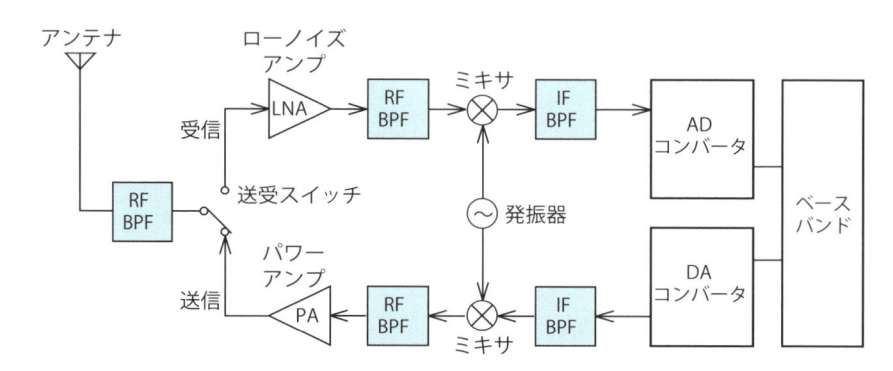

RF BPF：高周波バンドパスフィルター
IF BPF：中間周波バンドパスフィルター

●デジタルデータの変調

デジタルデータは、図 1-9-6 に示すような矩形波で表されます。この 1 と 0 の信号波形を、そのまま高周波でアンテナに乗せるとどうなるでしょうか。

変調前の送りたい信号そのものを**ベースバンド**（図 1-9-5 の右端）といいます。第 4 章に登場する **UWB**（Ultra Wide Band：**超広帯域**）は、**搬送波**による変調を行わずに、ベースバンドの**パルス**（短時間に急峻な変化をする信号）をそのまま空間へ送り出す方式ですが、**パルス幅**が狭い高周波なので、1-7 節で説明したように、広帯域にわたって電波を撒き散らしてしまいます。

そこで、UWB のような特殊な方式以外は、図 1-9-6 に示すように、ASK や FSK、PSK の変調方式が使われています。

ASK（Amplitude Shift Keying）は、1 と 0 のデジタルデータに従って、搬送波の振幅の有無を変える方式です。

FSK（Frequency Shift Keying）は、1 と 0 を異なる周波数で変調する方式、そして、**PSK**（Phase Shift Keying）は、位相を 180 度逆転して、1 と 0 に対応させる方式です。

このようにデジタルデータの**変調**といっても、アナログの変調と同じ、振幅、周波数、位相の 3 方式です。それでは、アナログをわざわざデジタルにしてから変調するメリットは何なのでしょうか。

図 1-9-6　デジタル信号の変調方式

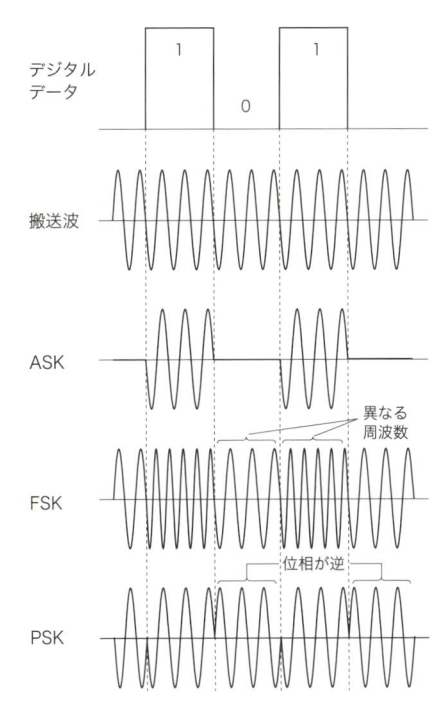

●デジタル送受信のメリット

　自動車用のテレビは、**アナログテレビ放送**の時代にはビル街を走行中に画質が低下しました。受信している電波に**ノイズ**が増えてくると、画像がちらつきますが何とか内容は理解できました。一方**デジタルテレビ**になると、同程度に悪い環境を走行中にもきれいな画質が保たれます。しかし、いよいよ電波が弱くなるとまったく映らなくなります。

　デジタル放送は1と0のデジタルデータだけを扱うので、ある基準の閾値（しきいち）に対して、それを越えているかいないかの判断ができる信号であれば、映像データは正しく受信できることになります。

　地デジは、**MPEG2 圧縮**により高精細で高画質のデータを扱いますが、デジタルのもう一つのメリットは、このデータ圧縮ができるということです。電波は1.5節で述べたとおり、用途によって周波数の範囲が限られているので、狭い帯域でより多くの情報が送れます。

　図1-9-7 (a) は1つの閾値で1と0のデータを表しますが、(b) では3つの閾値で4つの状態を表しています。ここで状態とは電圧のレベルと考えられますが、図1-9-7 (b) の0Vのときに00という2ビットの情報に対応させ、つぎの電圧では01、さらに10、11という2ビットに順次対応させれば、(a) と同じ時間間隔に (a) よりも2倍の情報を伝えることができます。

　このように、デジタル送受信は通信に使う周波数帯域をアナログ送受信に比べてより狭くするというメリットがあるのです。

図1-9-7　閾値とそれに対応した情報

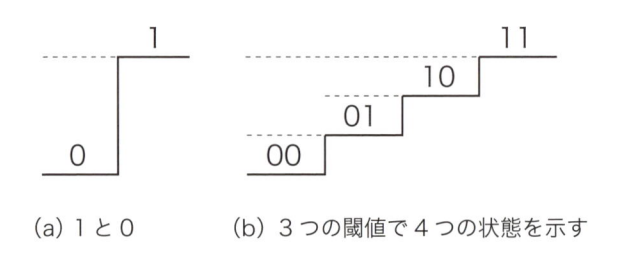

　　　　　　(a) 1と0　　　(b) 3つの閾値で4つの状態を示す

第2章

電波の不思議

　電波は不思議の宝庫です。電波の速度は光の速度と同じであることが発見され、両者は電磁波の仲間であることがわかりました。電波は宇宙の果てからも届いているので、宇宙人との交信を試みるプロジェクトも進行中です。電波を知るには、まず電波の不思議を調べる必要があります。

2-1 電波のふるまい

●見えない電波

電波は見えないので「不思議の宝庫」です。人間の網膜は光（電磁波）を感じるようにできていますが、同じ仲間の電波を感じることはできません。もし電波が直接網膜を刺激して、目で見えたらどうでしょう？

古代人は落雷や地震の地殻変動で発生する電波を目撃していたかもしれません。また産業革命後は、工作機械の発する**火花**と共に電波を見ていたかもしれません。しかし近代になるとラジオやテレビの電波が飛び交い、現代は携帯の電波が充満していますから、「完全シールド安眠アイマスク」がなければノイローゼになっているかもしれません。

このように電波が直接見えないのは幸いですが、送信アンテナの近くに図2-1-1の装置をかざして電波を見るというアマチュア無線家のアイデアがあ

図 2-1-1　「電波を見る」光電界強度計

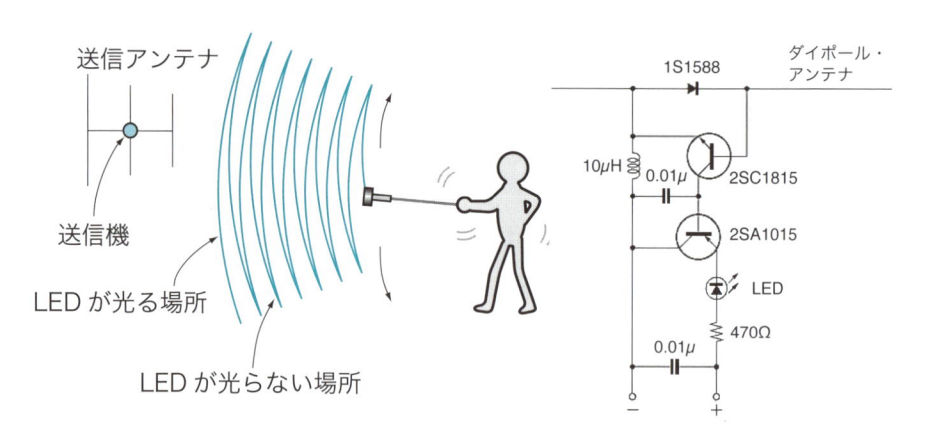

出典：FCZ研究所（http://www.fcz-lab.com/）のアマチュア無線家向けキット寺子屋シリーズの「ビジュアル電界強度計」（当初の回路）

ります。これはダイポール・アンテナで受信した高周波電流をダイオードで検波し、トランジスタで増幅してLEDを点灯しています。

●電波の「見える化」

電磁波を**可視化**するのは電気技術者の夢です。情報通信研究機構（NICT）では、平成12年度から16年度まで、「電子機器から漏洩する電波の三次元可視化技術の研究開発プロジェクト」が実施されました。その成果として、図2-1-2のような電界をリアルタイムに映し出すカメラ（電界カメラ）が発表されました。従来の**電界分布**の測定方法は、前項の図2-1-1のしくみに近いのですが、新しい技術は図2-1-2のようなアイデアが検討されました。

この装置で使われている電気光学結晶は、**電界**の強度によって屈折率が変化する材料で、これに電界を加えると場所によって位相差が変化するので、これを観測すれば電界の像が得られるというしくみです。実際には、電気光学結晶を利用した「ダブルローディド型光磁界プローブ」が開発され、図2-1-2のような可視化が実現されました。

図2-1-2　NICTが開発した電波を可視化する技術

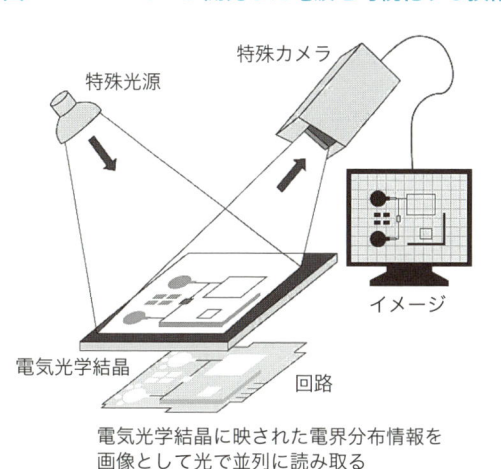

(a) 従来のプローブを用いた測定結果

(b) 光磁界プローブを用いた測定結果

出典：パッチアンテナ近傍の磁界分布は、NiCT News No.343
http://www.nict.go.jp/data/nict-news/index.html

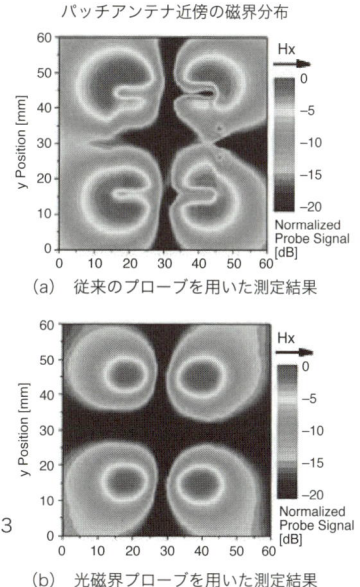

また、比較的遠方からの電波の到来方向を知り、電波源の位置を推定する技術も開発され、電子レンジから漏れる電波の可視化に成功しています。

● 電波の偏り？「偏波」とは

図2-1-3はヘルツの実験装置です。中央に金属棒（エレメント）だけのダイポール・アンテナがあり、金属網で囲いを付けて前方に向けています。これは湾曲した鏡で光を反射させて集中するアイデアをもとにしています。

彼はさまざまな**波長**を試した結果、66cmの波長の電波を使い、この装置を**送波装置**と**受波装置**として20m離して互いに直交させると、まったく火花が観察されないことを発見しました。これは電波の偏り、すなわち**偏波**を調べる実験で、この結果から電波が音波のような縦波ではなく、特定方向に偏って振動している横波であることがわかりました。

偏波は電界の振動の向きをいい、ダイポール・アンテナのエレメントを大地に対して垂直に置くと電界ベクトルも垂直で、これを**垂直偏波**といいます。また大地に対して水平に置くと**水平偏波**で、ヘルツが最初に実験した送波装置（第1章の図1-2-1）は、水平偏波です。

図2-1-3　ヘルツの実験装置　　電波の偏波を調べる実験（1888年頃）

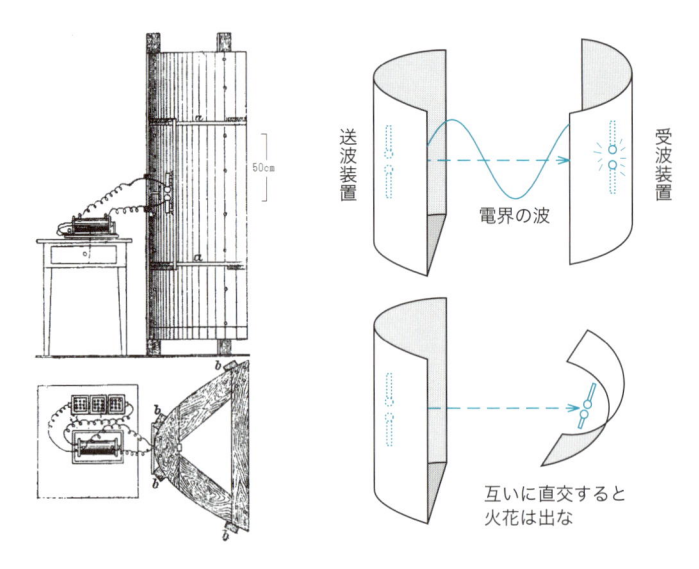

●平面波

　ダイポール・アンテナの近傍に発生する**電界**と**磁界**の位相は、90°ずれています。これは共振現象の特徴ですが、アンテナの近くでは**電気エネルギー**と**磁気エネルギー**が交替しながら**電力**を蓄えていると考えられます。それでは電力が遠方へ旅立つのは、アンテナのどの辺りからなのでしょうか？

　マクスウェルの方程式から、アンテナのエレメントの周りに図2-1-4のような波が導かれます。また遠方では、直交する電界 E_x と磁界 H_y は、進行方向に垂直な波面上にあって、位相はそろっているので、これを**平面波**と呼んでいます（図2-1-4下段の波）。

　ベクトル積 **E×H** の単位は、電界［V/m］と磁界［A/m］の各単位から［W/m^2］になりますが、これを**ポインティング・ベクトル**または**放射ベクトル**と呼びます。ワット／平方メートルは、単位面積を通過する電力と考えられるので、電磁界によって運ばれる電力の流れを示すベクトルと考えられます。このため、ポインティング・ベクトルは**ポインティング電力**ともいわれています。

図2-1-4　アンテナから少し離れた位置で電波が旅立つ

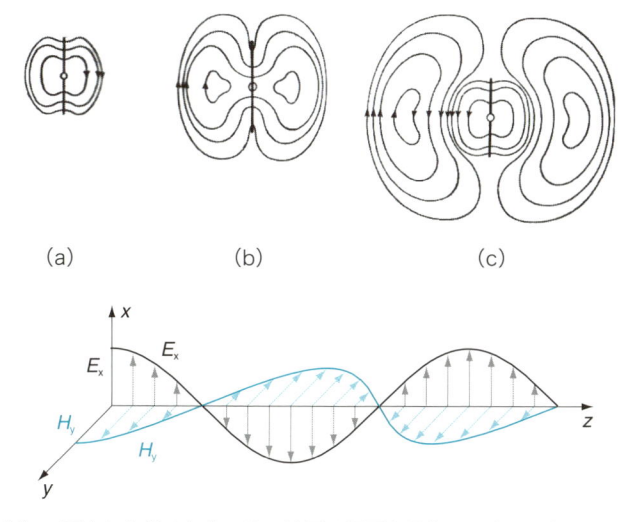

（a）　　　　　　（b）　　　　　　（c）

（c）の図よりもはるか先では、波面は平面と見なせるようになる。

2-2 電波の速さ

●マクスウェルの理論値と光速の測定

　マクスウェルは**電磁波の速さ**を理論的に計算していますが、その値は秒速31.1万kmです。図2-2-1は、その何年か前の1849年にフランスの物理学者**フィゾー**（1819～1896年）が実験した光の速さ（光速）を測るしくみで、結果は秒速31.3万kmでした。そこでマクスウェルは両者の一致から、光は電磁波の一種であるという**光の電磁波説**（1861年）を提唱しました。

　フィゾーは図2-2-1の装置で、光が光源から平面鏡まで進んで反射して戻るまでの時間で光の速度を測定しました。歯車が動いていると、光源からの光線は歯によって遮られますが、回転が速いほど光の断片（パルス幅）は短くなります。歯がゆっくり回転しているときは、歯がまだ光源からの光を遮っている間に光線がもどり、観測者は光線を見ることができません。

　そこで回転速度を上げると、この歯は光線がもどってきたときに回りきって、光線は歯のすき間を進んで観測者に届きます。そしてある回転速度の時に、歯のすき間がつぎの歯のすき間に替わる短い時間に、光線が往復の距離を進むことを確かめました。

　フィゾーは、歯車の回転速度と歯数からこの短い時間を計算し、光線が進んだ距離をこの時間で割って、秒速31.3万kmを求めたのでした。

図2-2-1　フィゾーが世界で初めて光の速度を測定した装置の概念図

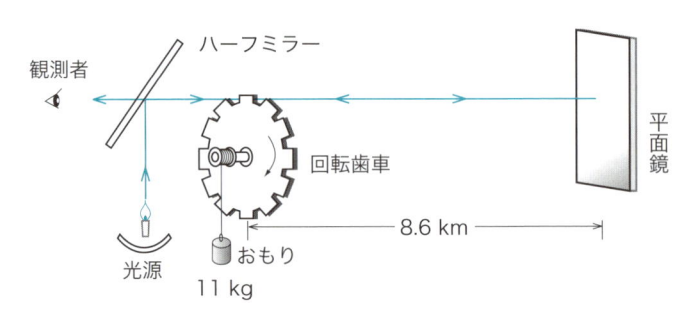

● 光の速さと電磁波の速さ

　真空中における**光の速度**は、理科年表によれば 299,792,458 m/s（メートル毎秒）です。一般には 3×10^8 m/s が使われていますが、これは「1秒間に地球を7周り半できる速度」と学んだことがあるでしょう。電波も光も電磁波の一種なので、電波もこの速度で伝わります。

　2010年6月13日夜、7年ぶりに地球に戻ってきた小惑星探査機「**はやぶさ**」は、大気圏突入で燃え尽きる前に、最後に撮影した地球の映像を電波で送信してきました。2003年9月に小惑星「イトカワ」に着陸し、離陸後に一時交信が不通になるトラブルに見舞われましたが、このとき地球との距離は約3億 km（地球と太陽間の約2倍）です。真空中の電波の速度は **30万 km/s** ですから、これだけ長い距離に電波が届くまでの時間を計算すると、はやぶさの長旅が実感できるでしょう（計算の答えは約17分）。

　さて、図2-2-2は、1926年に**マイケルソン**（1852～1931年）が行った光速の測定装置です。しくみはフィゾーの装置と似ていますが、彼は多面鏡の回転を使っています。図2-2-2では6面鏡を描いていますが、実際には8面、12面、16面などで実験して、何回も測定した結果、光速は秒速30万 km であることがわかりました。

図 2-2-2　マイケルソンが行った光速の測定の概念図

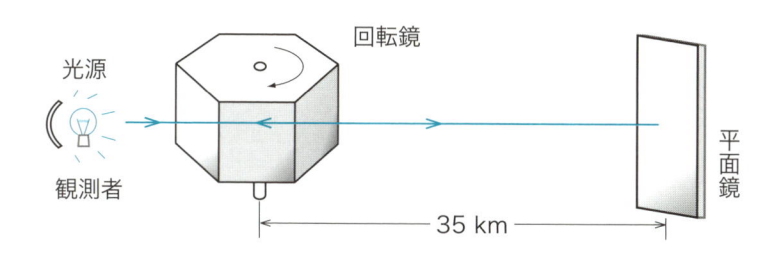

フィゾーの歯車の代わりに多面鏡の回転を利用した。光線は、回転鏡のつぎの面が図の位置になるまでは、回転鏡でそれて観測者に届かない。1回転の1/6の時間時間が光の往復の時間に等しいので、往復距離をその時間で割る。

●水中の光の速度と電波の速度

　フィゾーは、1853年に流水中で光の速度を測定しています。図 2-2-3 のようなコの字形の管に一定の速度で水を流し、光源から出た光を 2 つに分けて管の両端から直進させます。管を通った光は、平面鏡とハーフミラーで観測者に到達しますが、一方の光は流水の方向と同じ向きに進み、他方は流水とは逆の方向へ進みます。2 つの光を重ね合わせると、観測者の位置にその干渉縞ができるので、互いの時間差がわかるというしくみです。

　この実験は、1818年にフランスの物理学者**フレネル**（1788 〜 1827 年）が発表した**牽引係数**（けんいん）の理論の実証になりました。このころ空間は**エーテル**という物質で満たされていると考えられており、**マクスウェル**は、光が寒天のような物質（彼の手紙では æther とも書いている）の中の振動のように伝わるという仮説をもとに、電磁波の速度を計算しています（第 1 章 1-3）。

　フレネルは、物体がエーテルの中を動いているときには、いくらかのエーテルが引っぱられると考え、その割合（牽引係数）を計算しました。フィゾーは、光が流水の速さに影響されることを発見して、フレネルの理論を裏づけることになったのです。

図 2-2-3　流水中で光の速度を測定する装置の概念図

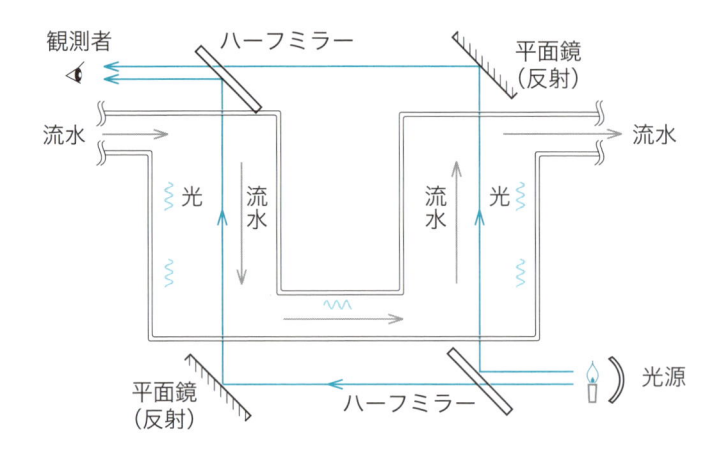

●エーテルの存在

光は電磁波の一種であるというマクスウェルの発見で、電磁場は**エーテル**中にあるはずだという考えがますます支持されるようになりました。そこで、天体観測でエーテルを直接測ろうというアイデアが試されました。

地球はエーテルの中を進んでいるので、望遠鏡で遠方のある星を観測し、半年後にその星を観測すれば、星に向かう地球と星から離れる地球の違いで、望遠鏡の焦点がずれるはずだ、というわけです。しかし、その星は焦点から外れていませんでした。

フレネルは、なぜエーテルを直接測れないのかという理由として牽引係数の考えに至りました。「望遠鏡が星の光に向かって動いても、また逆に遠ざかっても、エーテルは望遠鏡に引きずられてしまい、その効果を直接観測できない」というわけです。フレネルやフィゾーによれば、「エーテルは実在するがエーテルを直接測定することはできない」ということになります。

●マイケルソンとモーレーの実験

アメリカの物理学者**マイケルソン**と**モーレー**（1838〜1923年）は、1887年に図2-2-4のような装置を使って歴史的な実験を行いました。

図2-2-4 マイケルソンとモーレーの実験装置（干渉計）の概念図

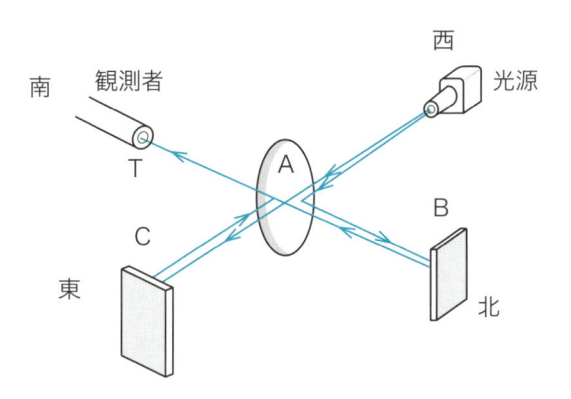

彼らの推論は「もし光がエーテルの中を伝わっているのであれば、その速度は地球の動きによって起こるエーテルの流れに影響されるはずである」というものです。地球の動く方向に向かう光は、エーテルの流れによってわずか速度を落とすだろうというわけです。

　地球の速度は秒速 30km ですから、エーテルの流れに逆らって伝わる光速は秒速 29 万 9763km、流れに沿って伝わる光速は秒速 29 万 9823km となるはずです。

　図 2-2-4 は**マイケルソン - モーレーの干渉計**と呼ばれ、光源から出た光は鏡 A（ビーム・スプリッタ）で B と C の 2 方向に分けられます。鏡の表面は薄く銀メッキされているので、通り抜けた光は鏡 C へ達し、残りは反射されて鏡 B に達します。

　これらで反射された光は、鏡 A を通って観測用望遠鏡 T へ向かいます。光線 A → C → T は鏡 A を 3 回通るので、AB 間に同じ厚さのガラス（図は省略）を置いて、2 光線の条件を同じに補正しています。

　図 2-2-4 で鏡 C を東西の方向に向けると、地球の自転によってエーテルは東から西へ流れ、鏡 C で反射する光と鏡 B で反射する光の到達時間は異なります。そこで装置を 90 度回転すれば到達時間は前と異なり、回転前の干渉縞から移動するはずですが、装置をどの方向へ向けても光の遅れは観測できませんでした。

　その後も多くの人々によって精密な測定器で検証されましたが、やはり「光はどの方向へ進もうと、その速度に違いがない」ことが解り、エーテルの存在は否定されました。ところで相対性理論で有名な**アインシュタイン**は、マイケルソン－モーレーの実験とはまったく独立して**光速度一定**の前提を立てたのだそうです。

　マイケルソンは、1878 年に光速の最初の測定を行いましたが、その後も測定方法の改良を重ね、先に記述したとおり 1926 年にはアメリカ合衆国沿岸・地形測量部の測定した正確な距離をもとに、秒速 30 万 km の値を得ています。現在は精密な実験の結果、真空中の光の速度は秒速 299,792,458m と定義されています。

2-3 遅くなる電波

●電波を伝える線路

電気や電波を伝える線は、**配線路**や**伝送線路**とも呼ばれています。図2-3-1はその仲間ですが、**平行線路（レッヘル線**ともいう）や**マイクロストリップ線路**、**スロット線路**、**同軸ケーブル**、**導波管**などの伝送線路は、いずれも導体に沿って電磁界を伝えるためガイドとしての役割を果たしています。

携帯の電波は空間を伝わり遠方へ届きますから、図にはありませんが、空間は効率よく電磁波を伝える配線路の仲間です。また電磁波は、エーテルというガイドが存在しない真空中も伝わるので、空間は図2-3-1の線路とは異なり、ガイドとなる媒質すら要らない伝送路といえます。

図2-3-1　いろいろな配線路

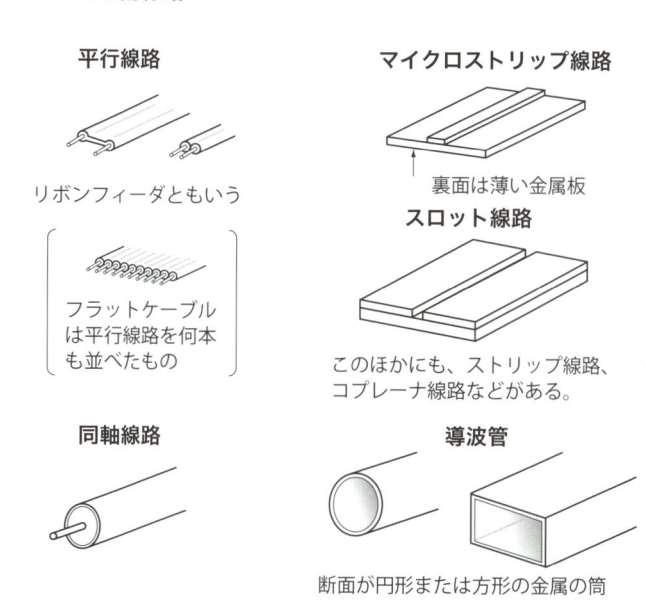

平行線路
リボンフィーダともいう

フラットケーブルは平行線路を何本も並べたもの

マイクロストリップ線路
裏面は薄い金属板

スロット線路

このほかにも、ストリップ線路、コプレーナ線路などがある。

同軸線路

導波管
断面が円形または方形の金属の筒

●配線路の用途

テレビとアンテナの間は長い配線でつなぐ必要があります。その配線の途中に強い電気を使う機器があると、テレビの受信信号を伝える配線は不要な電気を拾ってしまいます。そこでテレビ配線用の同軸ケーブルは、金属の網線を筒状に巻いて、内部に**ノイズ**が入ってこないような構造になっています（図2-3-1）。表2-3-1に代表的な配線路の用途をまとめます。

表2-3-1　代表的な配線路の用途

配線路	用途
平行線路	リボンフィーダーともいわれ、以前はテレビ受像機とアンテナをつなぐケーブルとしても使われていた。電流は隣同士で逆向きに流れるが、2本の配線を密着させ、さらに何本も並べたフラットケーブルは、パソコンの配線にも使われている。
マイクロストリップ線路	薄い板状の絶縁体（誘電体）の表面が配線、裏面全体がグラウンドプレーンである。配線数が増えると配線幅を狭くする必要があるが、幅1mm以下の配線も多い。ゲーム機は、配線層を何層か重ねた多層基板を用いている。
スロット線路	マイクロストリップ線路と同じように、薄い絶縁体の表面に配線するが、グラウンドプレーンは無く、2枚の配線板の縁に電流が流れる。自動車の衝突を防止するレーダーのアンテナをつなぐ線路としても使われている。
同軸線路と導波管	導波管は中空の金属筒で、同軸線路と同じように金属で囲まれた筒の中に電磁波を閉じこめて伝える。主に周波数が高いマイクロ波やミリ波などで使われる。

●誘電体を通過する電波

図2-3-1に示した配線路は、導波管を除いて周りに合成樹脂の**誘電体**があります。電波が誘電体に沿って進むときには、空間の速度よりもわずかに遅くなりますが、その度合いは材質の特性を表す誘電率によって異なります。

空間に誘電体の棒があると、電波は棒の中を進みます。光も電磁波であることを思い出せば、これは光ファイバー・ケーブルからも類推できます。空間と誘電体という異なった媒質の境界面では電磁波の一部が誘電体の内部を通り抜けて、残りは境界面で反射します。誘電率の高い媒質（ここでは誘電

体棒）から低い媒質（空気）へ向かう電磁波は、入射角がある角度を超えると通り抜けなくなります。

光は**屈折率**の大きい媒質から小さい媒質に入射すると、ある角度からは全反射します。誘電体棒の中を進む電磁波にも、これと同じような現象が現れます。

図 2-3-2 に示す断面が矩形の誘電体棒も**誘電体線路**として使われます。周波数が 30GHz から 300GHz のミリ波の回路では、距離が短い場合はマイクロストリップ線路も使われますが、損失を減らすために、この誘電体線路が使われます（電磁界シミュレータ Micro Stripes を使用）。

● **電波は進まなくなることもある**

むき出しの誘電体線路は、曲がりなどの不連続部から不要な電波の放射があります。そこで 2 枚の金属板で挟んだ構造の **NRD ガイド**が**ミリ波回路**などで使われています（図 2-3-2）。

図 2-3-2　NRD ガイドと呼ばれる誘電体線路

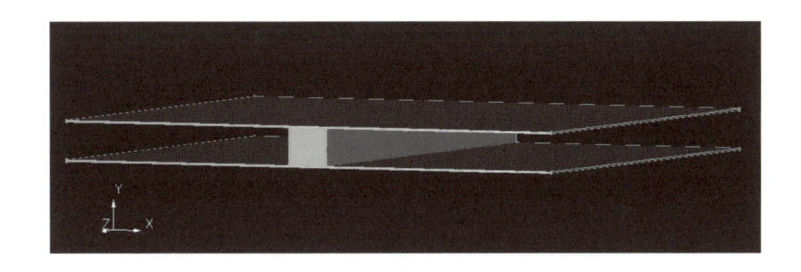

導体の平行平板は導波管の側壁を除いた線路のように動作しますが、平板の間隔が動作周波数の波長の 1/2 以下で、電界が平板に平行な電磁波は伝わらなくなります。導波管にはこのような電波の遮断（カットオフ）周波数があり、電波が進まなくなります。また、これは導体の並行平板にもあります。

図 2-3-3 はコンピュータで作成したモデルで、動作周波数 60GHz 用に設計された NRD ガイドです。平板の間隔を 2.25mm にしていますが、66GHz 以下の周波数で電波は伝わらなくなります。

そこで図 2-3-2 のような誘電体棒を入れると電波の速度がやや遅くなり、この例では 55GHz 以上の周波数で伝わるようになります。

図 2-3-3　最前面の電界分布と表面電流のようす

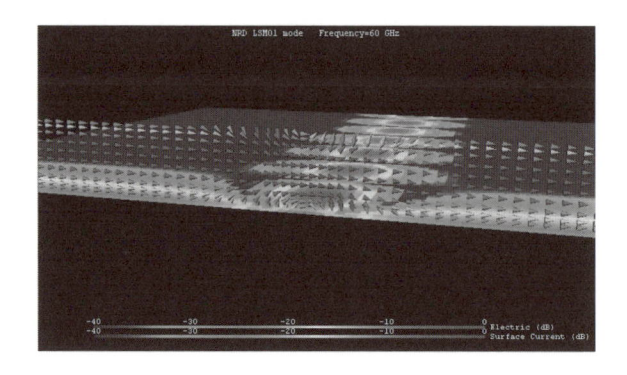

　図 2-3-4 は誘電体幅の中点を通る断面における磁界のようすですが、波長毎に周期的なパターンを示しており、回転の向きが反転しているようすがわかります。

図 2-3-4　誘電体幅の中点を通る断面における磁界のようす（60GHz）

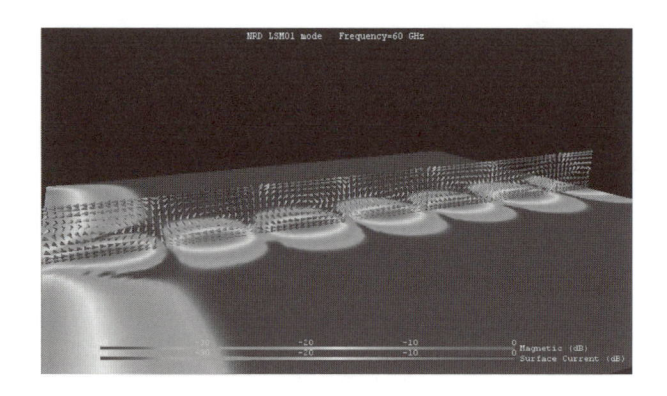

2-4 光速を超える？

●導波管内の電波

　図 2-3-1 の**導波管**は、断面が円形または方形の金属筒で、電波が空胴を伝わります。図 2-4-1 はコンピュータによる導波管のモデルで、方形断面を 44.55mm×22.15mm、管の長さを 100mm に設定しました。

　この伝送路の進行方向に直交する断面における電界ベクトルは図 2-4-2 のようになりました。これは奥にある面加えた電界が伝わる伝搬モード（後述）で、もっとも低い周波数から伝搬する**基本モード**を示しています。

図 2-4-1　導波管モデル

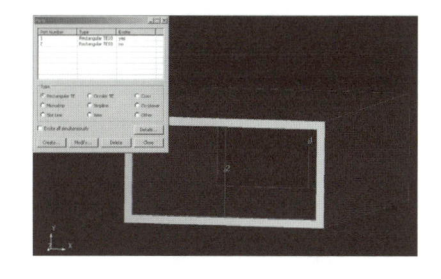

図 2-4-2　空胴内の電界ベクトル

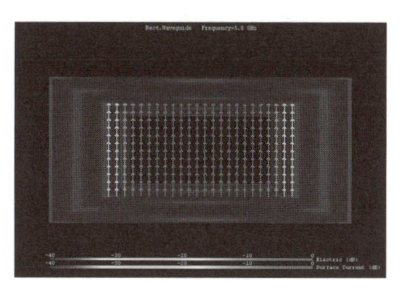

図 2-4-3　導波管の長手方向に表示した電界ベクトル

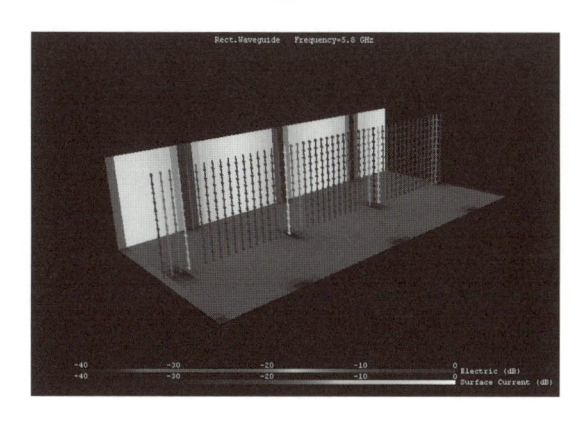

電界は上下の壁に垂直に出入りしていますが、強さを表す色を調べると、左右の側壁付近では弱くなっていることがわかります（内側の壁は遠近法で表示されている）。中央部でもっとも強く、これを長手方向に表示したのが図 2-4-3 です。図 2-4-4 は図 2-4-2 と同じ面の**磁界ベクトル**です。

図 2-4-4　空胴内の磁界ベクトル

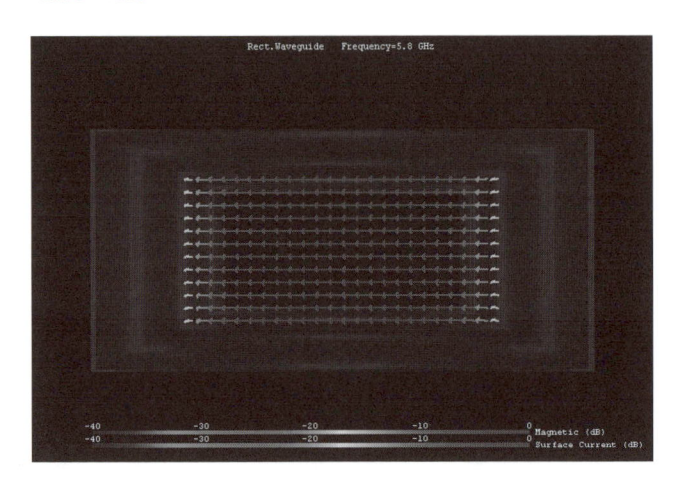

図 2-4-5　導波管の長手方向に表示した磁界ベクトル

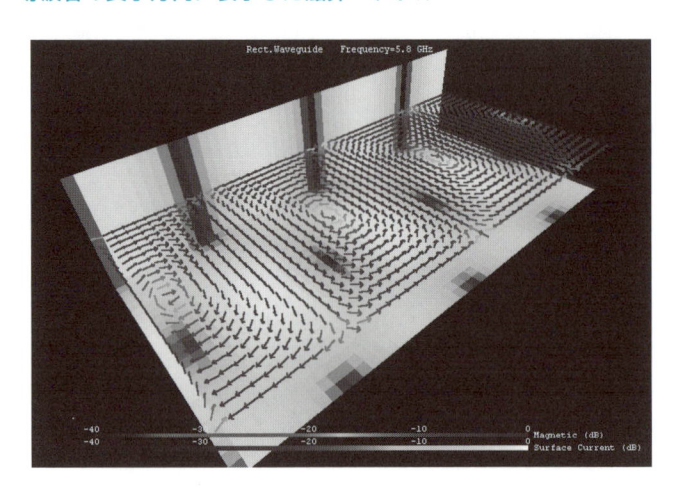

空胴の左右の側壁付近には注意が必要です。磁界ベクトルは金属壁に平行になるので、導波管の長手方向に表示した磁界の分布は図 2-4-5 のようになります。これらを観測すると、電界ベクトルだけが進行方向に対して垂直なので、これを **TE**（Transverse Electric）**モード**と呼んでいます。

　また図 2-4-6 と図 2-4-7 に方形導波管の多くのモードを示しますが、各モードはそれぞれ他のモードの存在には無関係にエネルギーを伝搬できます。これをモード間に直交性（orthogonality）があるといいます。

　電界ベクトルと磁界ベクトルの両方が進行方向に対して垂直なモードを **TEM モード**といいます。図 2-4-2 と図 2-4-4 だけを見ると TEM（Transverse Electromagnetic）モードのように見えますが、磁界ベクトルは図 2-4-5 のように金属壁に平行になりますから、これは図 2-4-6（a）の TE_{10} モードです。

図 2-4-6　方形導波管の TE モードの例

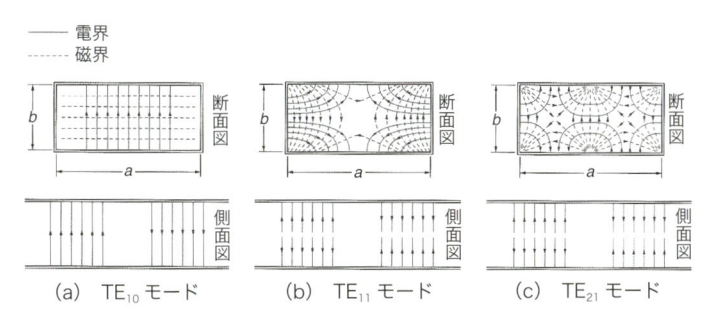

(a) TE_{10} モード　　(b) TE_{11} モード　　(c) TE_{21} モード

方形導波管の多くの TE モード
電界ベクトルだけが進行方向に対して垂直。

図 2-4-7　方形導波管の TM モードの例

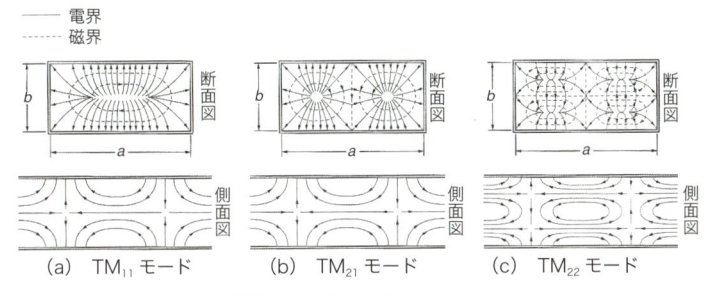

(a) TM_{11} モード　　(b) TM_{21} モード　　(c) TM_{22} モード

方形導波管の多くの TM モード
磁界ベクトルだけが進行方向に対して垂直。

●光速よりも速い？

　導波管には電波の伝わりが遮断される周波数（**カットオフ**）があり、その周波数以下の電波が進まなくなります。逆にこれ以上の周波数では電波が伝わりますが、**TE波**（TEモードの電磁波）やTM波が伝わる速度である伝搬速度 v_p は、つぎの式で表されます。

$$v_p = \frac{c}{\sqrt{1-\left(\frac{f_c}{f}\right)^2}} \quad (1)$$

　ここで、f は伝わる電波の周波数、f_c は導波管の**カットオフ周波数**、c は光速を表す。

　導波管内ではカットオフ周波数より高い周波数で伝搬するので、式（1）の分母は1よりも小さくなります。そこで導波管内の伝搬速度 v_p の値は、光速よりも大きくなります。しかし、「**光速**よりも速いものはない。この式は間違っている」とすぐに思う読者が多いかもしれません。

　アインシュタインは「エネルギーが伝わる速度は光速より速くはなれない」といいました。しかし相対論は光速を超える現象をすべて禁じているわけではなく、質量のある「物体」を光速まで加速するのには無限のエネルギーが必要であるといっています。

　たとえば、夜空の彼方に長い電光掲示板を置いて、それを移動する表示文字のように、物体が移動しないのであれば、文字という情報が光速以上で通り抜けてもよいのです。式（1）の v_p は**位相速度**と呼ばれ、波面（つまり情報）が伝わる速度を表しますから、それは光速よりも速いことがあり得ます。

●エネルギーの速度はどうか？

　それでは、導波管内でエネルギーが伝わる速度はどうでしょうか。ここではできるだけ計算式を用いずに、平面波の合成として TE_{10} モードの伝搬を考えてみます。

　図2-4-8は、電界の大きさを線の種類で表現する方法を示しており、太線を波の山とすれば、細線が0、点線が谷を表しています。

ここから先の展開は、図をもとに導波管内の電界の波を頭に描きながら読み進めてください。式がいくつか出てくるので、パスしたい読者はつぎの項へ進んでもかまいません。ここでは、エネルギーの速度と位相速度の関係を詳しく調べていますから、最後の式（8）だけはチェックしておいてください。

図2-4-8　電界の表し方

　さて図2-4-9のように、z_1軸方向へ進む平面波とz_2軸方向へ進む平面波を合成してz軸方向へ進む波を描くと、P_1〜P_7に対して正弦波になっていることがわかります。ここで$y=0$と$y=b$にある●で示したところは電界がゼロなので、これらに沿って導波管の側壁を置いてもかまいません。また電界はy–z面に垂直なので、やはり導波管の上下の板を置いたと考えれば、この方法で方形導波管内のTE_{10}モードの伝搬を表現できます。

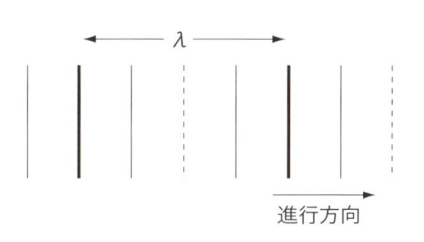

図2-4-9　2つの平面波の合成

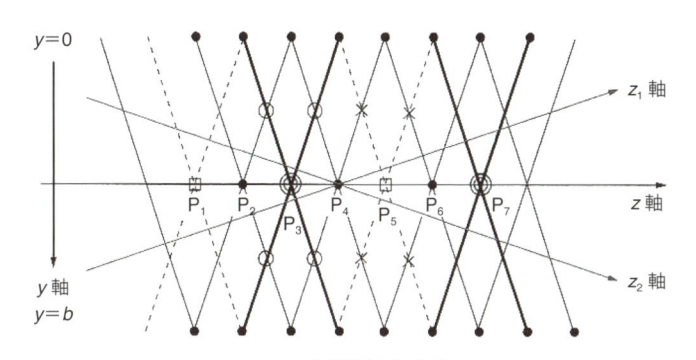

二つの平面波の合成
z_1とz_2に進む二つの平面波の合成波は、P_1〜P_7に対して正弦波になっている。

　図2-4-10は、図2-4-9のz_2軸を示していますが、この平面波によってエネルギーがP_3からQ_1まで光速で運ばれたとすれば、合成波（TE_{10}波）の位相はP_3からP_7に進んでいます。またz軸方向へ進むエネルギーはQ_2まで達します。これらから速度はつぎの式で表されます。

図 2-4-10　図 2-4-9 の z_2 軸方向へ進む波を表示している

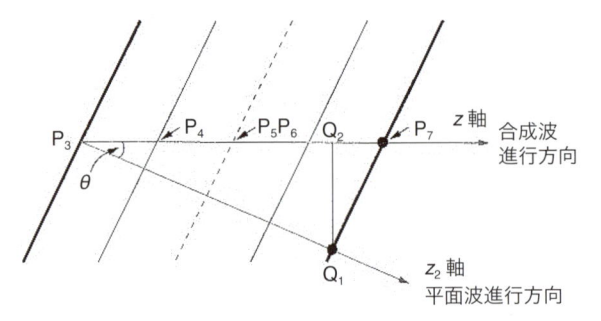

図 2-4-9 の z_2 軸表示
エネルギーが P_3 から Q_1 まで光速で運ばれたとすれば、合成波（TE_{10} 波）の位相は P_3 から P_7 に進む。

光速　$c = \dfrac{\overline{P_3 Q_1}}{\Delta t}$ 　　　　　(2)

位相速度　$v_p = \dfrac{\overline{P_3 P_7}}{\Delta t}$ 　　　　　(3)

エネルギー速度（群速度）$v_g = \dfrac{\overline{P_3 Q_2}}{\Delta t}$ 　　(4)

ここで、$\overline{P_3 P_7} \cos\theta = \overline{P_3 Q_1}$, $\overline{P_3 Q_1} \cos\theta = \overline{P_3 Q_2}$ から、

$\dfrac{v_p}{c} = \dfrac{\overline{P_3 P_7}}{\overline{P_3 Q_1}} = \dfrac{1}{\cos\theta}$ 　　　　　(5)

$\dfrac{v_g}{c} = \dfrac{\overline{P_3 Q_2}}{\overline{P_3 Q_1}} = \cos\theta$ 　　　　　(6)

これから、$v_g = c\cos\theta$ 　　　　　(7)

また、$v_g v_p = c^2$ 　　　　　(8)

が成り立ちます。

カットオフ周波数 f_c で波が進まなくなる現象は、図2-4-10における平面波の進行方向が z 軸に垂直になることに相当します。このときは $v_p = \infty$ で、式（8）から $v_g = 0$ となり、エネルギーは伝わらなくなることがわかります。

なお平行2線路などのTEM波では v_p と v_g は等しく、それらは光速 c になります。

●導波管内に電波を送り込む方法

平行線路など2つの線路が対になっている伝送路に電源をつなげば、負荷に電圧がかかります。導波管は全体が1つの金属なので、上面と下面の間電源をつないでも、断面に沿って強い電流が流れるだけです。

導波管に電波を送り込む方法は、図2-4-11のように同軸線路を挿入して行います。導波管内に突き出ている部分の全長は約5mmで、先端部が太くなっています。コンピュータの計算では、導波管の上面に見える同軸の断面に電界を加え、導波管の手前の断面に観測面を設定しています。

この先端部は、**ダイポール・アンテナ**の片側と考えられますが、図2-4-5の端の壁から1/4波長の位置に設置することで、TE_{10} モードの電波が発生して導波管を進むことになります。

図2-4-11　同軸アンテナを使って TE_{10} モードの電波を送り込む方法

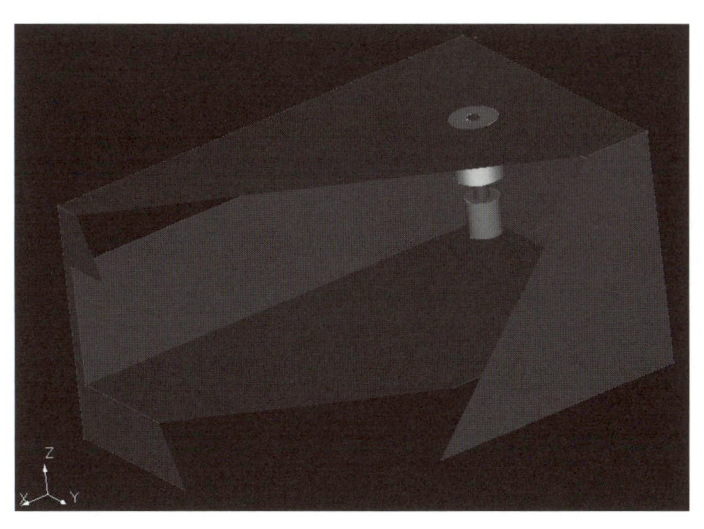

2-5 電波が反射したり、曲がったり

●電波の反射で放射しなくなる？

第1章では、電磁波も金属板の表面で反射され、光と同じような性質があることを学びました。これはテレビ放送の送信アンテナなどに応用されていますが、金属の板さえあれば反射波が強く放射されるかといえば、実はアンテナとの距離が重要なのです。

図2-5-1は、エレメントの全長が5mの28MHz用半波長**ダイポール・アンテナ**の1/2波長先に、5m×5mの金属板がある空間です。アンテナは地球に対して垂直に設置しているので、垂直偏波のダイポール・アンテナです。そこで、電界分布は垂直面のカラースケールで表し、**磁界ベクトル**はアンテナの中央を通る水平面で表示しています。

金属板の後ろ方向の**電界**は、反対側の右手前方向の電界よりも弱くなっており、右手前方向へは問題なく電波が出ているように見えます。しかし、金属板が波長に比べて大きくなると、問題が発生します。

図2-5-1 金属板とアンテナ間の距離が1/2波長のときの電界分布と磁界ベクトル

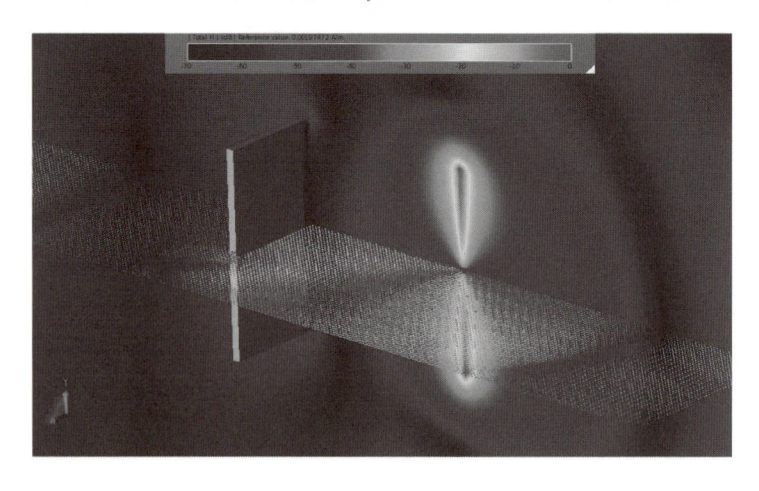

図2-5-2は、波長に比べて十分大きい金属板が1/2波長後方（図では左）にあるときの電界の分布で、図2-5-1の空間を真上から見ている図です。右方向に進む電界はアンテナ近くで弱くなり、その先にはほとんど放射されていないことがわかります。

図2-5-2　波長に比べて十分大きい金属板が1/2波長後方にあるときの電界の分布

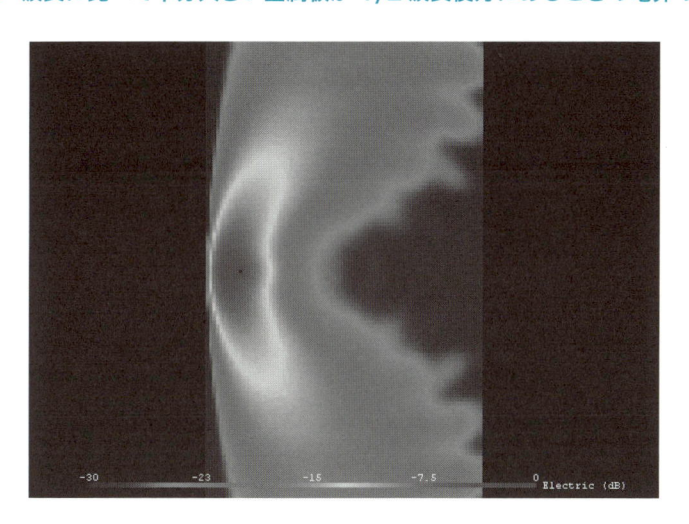

●よく反射する条件とは

　それでは、十分大きい金属板とアンテナ間の距離が1/4波長のときはどうなるでしょうか？　金属板とアンテナの距離を変えただけで反射の状況が変わるのはなぜなのでしょうか？　それは図2-5-3のような波の合成から説明できます。

　Aはダイポール・アンテナをエレメント方向から見ています。A点とR点の距離が1/4波長の場合は、A点から放射された電波がR点に着くまでにかかる時間で、波の位相が90度遅れます。

　つぎに、R点から反射する電波は、**渦電流**が発生して**再放射**されるまでにR点に入射する電波より180度遅れるので、A点から放射される電波よりも、合計270度遅れます。

　この反射波は右方向へ進み、A点までさらに1/4波長移動するので90度

遅れ、最終的にA点から右へ進む直接波より360度（＝0度）遅れ、結局は同相で放射されることで右方向へ強く放射されます。

図2-5-3　反射波と直接波の合成

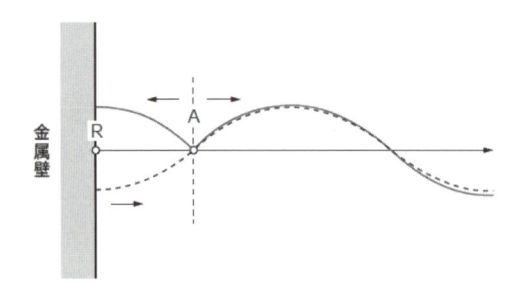

さてA点とR点の距離が1/2波長の場合はどうなるのでしょうか？ 同じように考えると、**反射波**はA点から右へ進む**直接波**と180度の**位相差**を生じることがわかるでしょう。これはちょうど波の山と谷の位相差ですから、合成すると打ち消し合ってゼロになると考えられるというわけです。

図2-5-4　波長に比べて十分大きい金属板が1/4波長後方にあるときの電界の分布

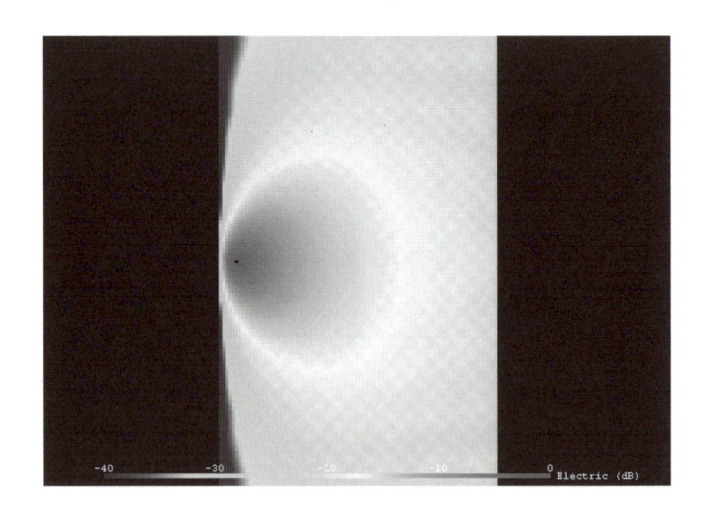

●屈折する電波

　図 2-5-5 は、ある**媒質**から異なる媒質に**入射**する電磁波の屈折を示しています。図 2-5-5（a）は、たとえば電磁波が空気からガラスへ入射するといった例で、光線の屈折でおなじみの図です。一方、図 2-5-5（b）は空気のような媒質から**左手系媒質**に入射する電磁波を示しており、負の角度に屈折しているのがわかります。

　図 2-5-6 は、媒質中を伝わる電磁波の電界 E、磁界 H、**群速度**（エネルギが伝わる速度）、**位相速度**（波の山や谷が移動する速度）を、右手の親指、人差し指、中指で表しています（3 本は互いに直交している）。

図 2-5-5　電磁波の屈折

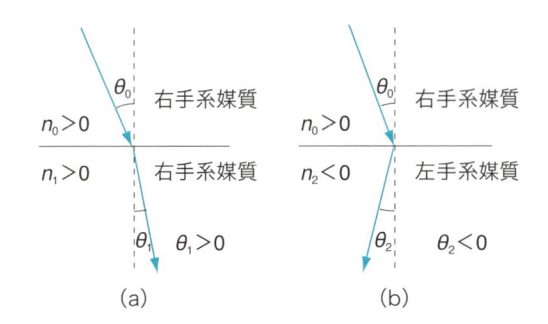

（b）は負の角度に屈折している。n は屈折率を表す。

図 2-5-6　右手系のベクトル（a）と左手系のベクトル（b）

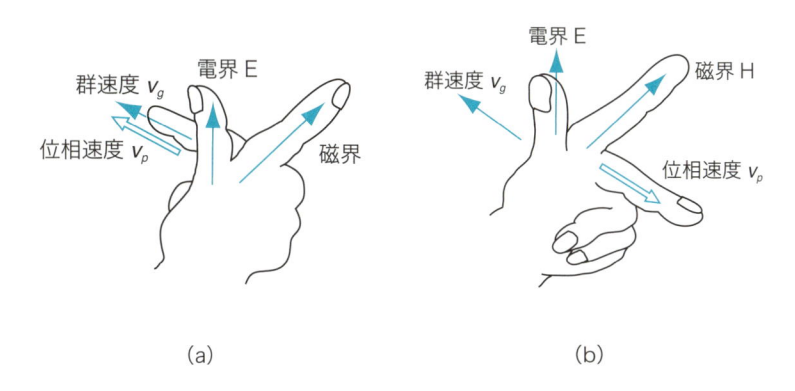

● メタマテリアルとは？

2-3節で学んだ各線路をガイドラインとして伝わる電磁波は、図2-5-6(a)の関係があり、これを**右手系**といいます。自由空間を伝わる電波をはじめ、自然界の媒質を伝わる電磁波は、すべて右手系です。

一方、図2-5-6（b）は**左手系**を表しており、位相速度は群速度とは逆向きであることがわかりますが、これは**人工媒質**すなわち**メタマテリアル**を伝わる電磁波に現れる、ちょっと変わった現象です。

メタマテリアルとは、金属や誘電体、磁性体で規則正しい構造を周期的に並べることで、電磁波の波長に関係して現れる特異な物理現象を人工的につくりだす媒質のことをいいます。自然界には存在しないという意味で、人工媒質とも呼ばれています。

ここで改めて説明すると、媒質とは波が伝わる場の物質のことで、たとえば音波は空気を媒質として伝わります。また電磁波は**エーテル**を媒質として伝わると考えられていましたが、2-2節で述べたように、**アインシュタイン**の特殊相対性理論によってエーテルという媒質の必要性はなくなりました。

図2-5-7は、リング状の金属を組み合わせたスプリットリングと、細長い金属線で構成されているメタマテリアルで、特定の周波数の電波を照射すると、負の屈折率が現れます。このとき電磁波を通過させると波を集めることができ、平板なのにレンズのように働くというわけです。

図2-5-7　金属のスプリットリングと細線によるメタマテリアル

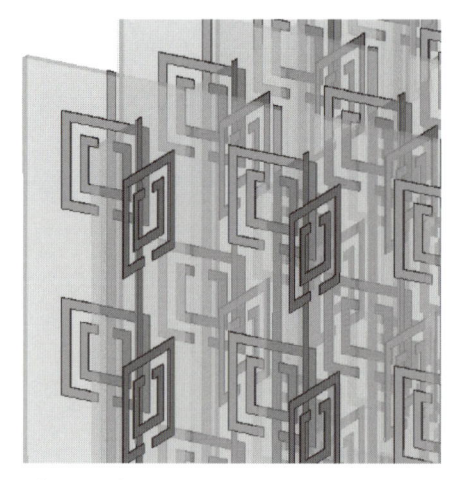

出典：米国Sonnet社のWeb（http://www.sonnetsoftware.com/）

2-6 空間を伝搬する電磁界

●マクスウェルの方程式と自由空間

弾性体に関わる有名なフックの法則を発見した17世紀の物理学者**フック**（1635〜1703年）は、宇宙に満たされている媒質を**エーテル**と名づけました。光が真空中を伝わるためにはエーテルが必要で、光は物質の熱振動がエーテルを伝わる現象と考えたのでした。

19世紀末にはマクスウェルが電磁界に関する基本方程式、**マクスウェルの方程式**を導出しました。光は電磁波の一種であるとして、エーテルは電磁波を伝える媒質であると拡大解釈されたので、物理学では最近までエーテルの概念は否定されませんでした。

マクスウェルの方程式は、最終的にはシンプルな4つの式にまとめられましたが、さらにつぎの2つの式を加えて使われてきました。

$$D = \varepsilon E \qquad (9)$$

$$B = \mu H \qquad (10)$$

ここに、**D：電束密度**、**B：磁束密度**、ε：**物質の誘電率**、μ：**透磁率**。

これらは、電磁界と媒質の相互作用を示す構成関係式と呼ばれています。

さて、宇宙は電磁波の反射、屈折、回折、散乱や吸収などの現象が起きない空間と定義されますが、自由空間ともいわれています。しかしエーテルは不要なので、「宇宙空間は一様で損失のない誘電媒質である」とする自由空間の定義はすっきりしません。

ところで**真空**とは「物質が全く存在しない空間」という意味ですが、エーテルの否定によれば、その媒質もない空間と考えられます。しかし一方では、媒質の定義自体に「誘電体物質（誘電率 ε）を含んだものや、真空（真空誘電率 ε_0）など」（理工学辞典、日刊工業新聞社）という記述がありますから、これには一本取られたという感じです。

マクスウェルの方程式から、電磁波の伝搬速度すなわち真空中の光の速度 c は、つぎの式で与えられます。

$$c = \frac{1}{\sqrt{\mu_0 \varepsilon_0}} \qquad (11)$$

ここでμ_0：真空の透磁率 $4\pi \times 10^{-7}$ [H/m]
　　　ε_0：真空の誘電率 8.854×10^{-12} [F/m]

電卓で式（11）の値を計算すると、確かに光の速度になっています。μ_0 は図 2-6-1 に示すような 2 つの線状電流の間に働く力の計算から、つぎの式によって定められています。

$$\frac{\mu_0}{2\pi} = 2 \times 10^{-7} \qquad (12)$$

メートル [m]、キログラム [kg]、秒 [s] を使う **MKS 単位系**では、式（12）から理論的に μ_0 を $4\pi \times 10^{-7}$ [H/m] というシンプルな値としています。一方 ε_0 は、コンデンサの静電容量を正確に測定することで得られます。しかし実際には 8.854×10^{-12} [F/m] という値は、真空中の光の速度に合うように逆算して定めているので、式（11）の値は当然光速になるのです。

図 2-6-1　2 つの線状電流の間に働く力の計算

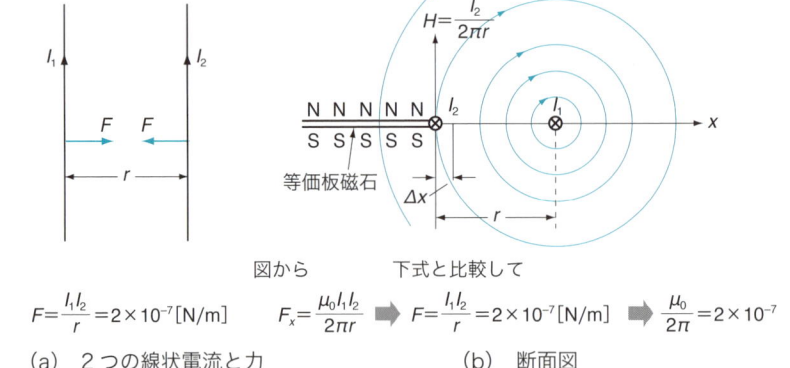

$F = \dfrac{I_1 I_2}{r} = 2 \times 10^{-7}$ [N/m]

図から　　　下式と比較して

$F_x = \dfrac{\mu_0 I_1 I_2}{2\pi r} \Rightarrow F = \dfrac{I_1 I_2}{r} = 2 \times 10^{-7}$ [N/m] $\Rightarrow \dfrac{\mu_0}{2\pi} = 2 \times 10^{-7}$

(a)　2 つの線状電流と力　　　(b)　断面図

2 つの線状電流の間に働く力の計算

(b)は(a)の断面を示している。電流 I を等価板磁石に置き換えている。S から N に通る磁力線数を ϕ として、I_1 が Δx 右に動いたとすれば、等価板磁石を通る磁力線の増加は $\Delta \phi = (I_2/2\pi)\Delta x$ となる。I_1 が作る等価板磁石の強さは I_1 に比例するので、$\mu_0 I_1$ として、$F_x = \mu_0 I_1 (\Delta \phi / \Delta x) = \mu_0 I_1 I_2 / 2\pi$ となる。

●空間の電界と磁界の位相変化

電磁界シミュレータは、コンピュータで**マクスウェルの方程式**を計算して空間の電磁界を求めるプログラムです。図2-6-2は、**ヘルツ・ダイポール**（第1章1-2節）のまわりの磁界分布です。

図2-6-3は、1.1GHzで共振しているアンテナの中心から水平方向へ15mm（約1/20波長）離れた観測点で得た**電界**と**磁界**の時間変化を示しています。この位置は給電点の近くですが、観測される電界の垂直方向成分E_yと、磁界の水平方向成分H_xの位相はそろっていません。

図2-6-2　ヘルツ・ダイポールの周りの磁界

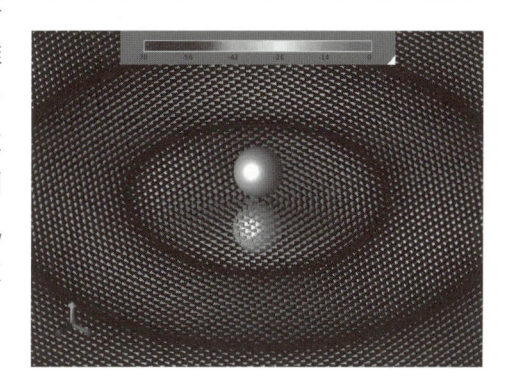

図2-6-3　アンテナの近傍（約1/20波長の距離）における電界と磁界

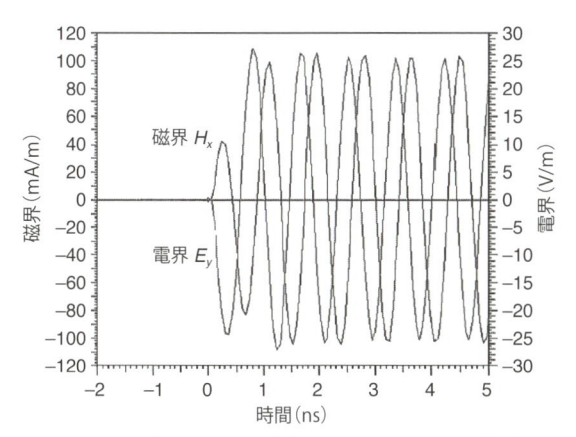

アンテナの中心から水平方向へ15mm（約1/20波長）

これは共振しているアンテナでは、**電気エネルギー**と**磁気エネルギー**が、1/4周期ごとに交替されることからもわかります。アンテナから離れるとどうなるのでしょうか。図2-6-4は、アンテナから水平方向へ37.5mm（約

1/8 波長）離れた位置、図 2-6-5 は 75mm（約 1/4 波長）離れた位置における E_y と H_x のグラフです。これら 3 つの結果から、アンテナから水平方向へ観測点を離していくと、互いに直交する電界と磁界の**位相**はそろってくることがわかります。共振のエネルギーが貯まっている領域を**近傍界**、電界と磁界の位相がそろってエネルギーが伝搬する領域を**遠方界**と呼びます。

図 2-6-4　アンテナから約 1/8 波長

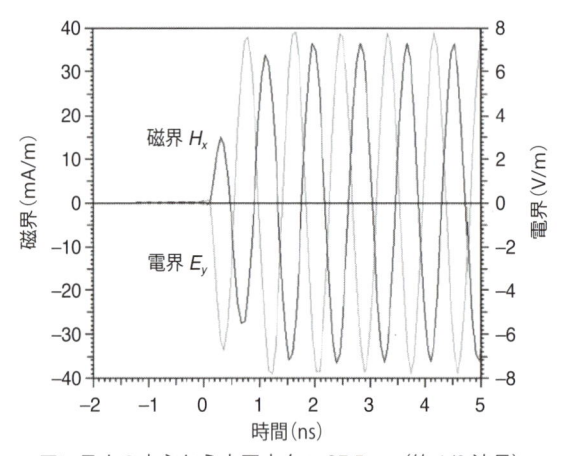

アンテナの中心から水平方向へ 37.5mm（約 1/8 波長）

図 2-6-5　約 1/4 波長の距離における電界と磁界

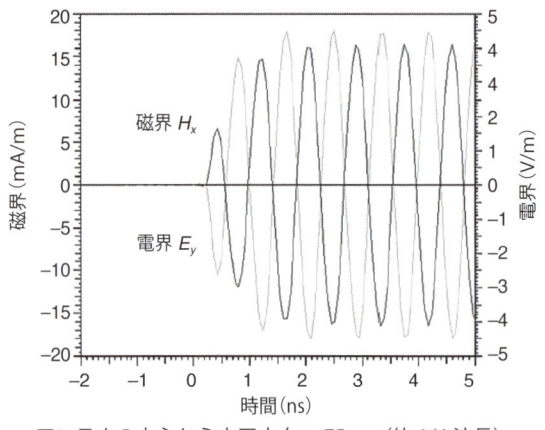

アンテナの中心から水平方向へ 75mm（約 1/4 波長）

2-7 波の性質と光の性質

●ホイヘンスの考え

オランダの数学者、物理学者、天文学者**ホイヘンス**（1629～95年）は、光の直進性を説明するために図2-7-1に示す**2次波源**を考えました。

点で示した波源から球状に波が広がっていますが、少し時間が経つと新たな波源をつくって、この2次波源から同じように波が広るという考えです。ホイヘンスは、このようにして光の波が矢印の方向へ直進すると説明しました。

図2-7-1　ホイヘンスの考えた2次波源と光の直進性

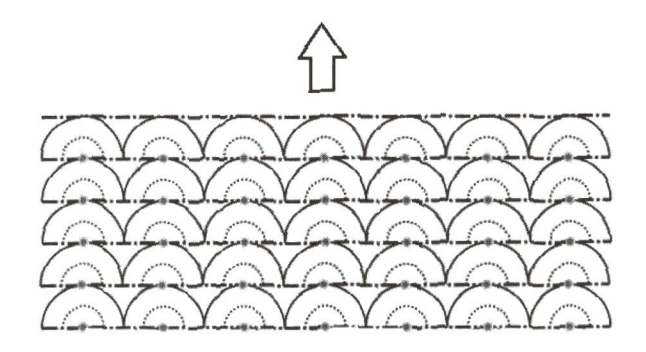

●直進しない光－回折とは？

ホイヘンスは直進する光を説明しましたが、光はまっすぐ進むだけではなく、光が当たっている物体の縁部から回り込みます。これは**回折**と呼ばれていますが、電波も2-5節の図2-5-1でわかるように、金属の縁部から回り込んでその先に伝搬します。

回折現象も、ホイヘンスの2次波源の考え方で説明できます。図2-7-2は、光の進む方向に壁があります。しかし、穴の縁にある2次波源は、壁の内側に回り込む波をつくり、これを進めていくと図2-7-2に示すように、

光は空間に広がっていきます。

図 2-7-2　ホイヘンスの 2 次波源による回折の説明図

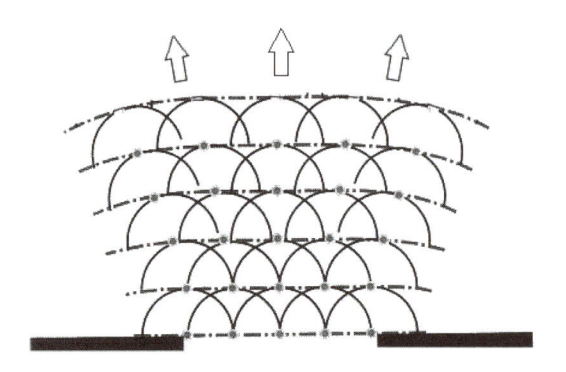

●ヤングの実験

1805 年ころ、イギリスの物理学者**ヤング**（1773 ～ 1829 年）は、光を平行な 2 つの**スリット**（細いすき間）に通して、スクリーンに**干渉縞**が生じることを実験で確認しました。

いくつかの波が重なり合ったときに、波の動きが一致するときには強め合い、逆の場合は打ち消し合います。これは波の干渉によって生じる現象ですが、光が波動であることを示す証拠といえます。

光や電波が波ではなく粒子であれば、スリットを通り抜けた光の粒子はスクリーンに到達して光だけで、縞模様はできません。実験の結果は、きれいな干渉縞ができたので、ヤングは光が波であると考えたのでした。

●やはり光は粒だ

19 世紀には**光の粒子説**は否定されていましたが、**アインシュタイン**は 1905 年にこれを復活させました。彼は「光はプランク定数 h と振動数 ν をかけたエネルギーを持つ粒として考えればいい」という光量子仮説を発表しました。彼の相対性理論は有名ですが、実は光量子仮説に基づく光電効果の解明によってノーベル物理学賞を受賞しています。

電磁波が粒であるとすれば、光の強さや電波の強さは、この光の粒のかたまりがひっきりなしにやってくるかによって決まると考えるわけですが、こ

のかたまりは**光子**と呼ばれています。

しかし困るのは、19世紀までに確立されていた**光の波動説**です。これには干渉という動かしがたい証拠があるので、このままでは矛盾を生じてしまいます。そこで登場したのが二者択一をやめるという考えです。

光子は確かに粒子なのですが、つねにそれらが集まったものとします。そうすると、図2-7-3に示すように、波とはそれらが観測される確率と考えれば矛盾しないというわけです。したがって、電磁波の強さは光子がやってくる確率の高さで決まると考えるわけです。

図 2-7-3　光子が観測される確率と光の強さ

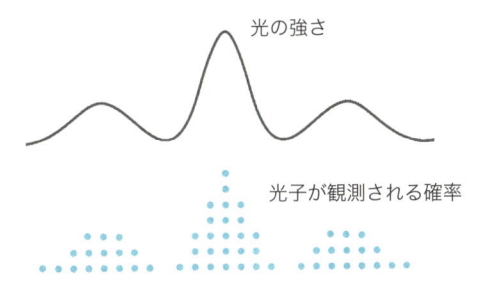

図2-7-4は、この波動説と粒子説の問題を検証した二重スリット実験です。1個の電子を発射して、スクリーンに到達してからつぎの電子を1個発射することを繰り返すと干渉縞ができます。1個ずつしか電子を発射していないのに2つの波が重なった時に現れる干渉縞が観測されるので、両方のスリットを通過した電子同士が干渉したと考えられ、1個の電子が両方のスリットを通ったことがわかりました。1989年には、**外村彰**博士らによって追試が行われています。

図 2-7-4　新しい装置で行われた二重スリット実験の追試（1989年）

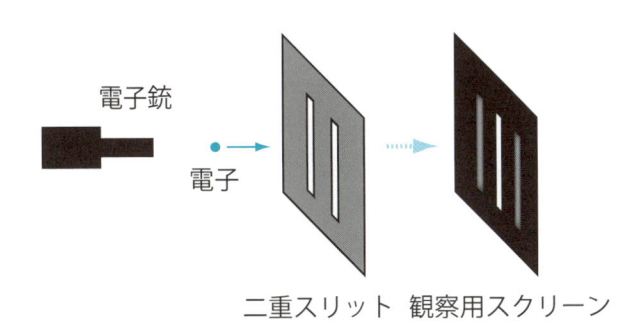

2-8 天体が放射する電波

●電波を発しているパルサー

　宇宙には、電波を発している星が数百個確認されていますが、これらは**パルサー**（pulsar）と呼ばれています。語源となっている**パルス**とは、時間間隔が極めて短い電気信号のことで、パルサーからは数ミリ秒から数秒のパルス状の電磁波（電波やX線）が放射されています。

　パルサーは、1967年にイギリスの電波天文学者**ヒューイッシュ**と**ベル**によって発見されましたが、規則正しい周期で受信できたため、当初は宇宙人の発する信号ではないかとも考えられたそうです。

●宇宙人との交信

　宇宙から届いた電波が、メッセージを伝える信号であることがわかれば、宇宙人の存在を探索できるかもしれません。米国惑星協会（The Planetary Society）のSETI@home（Search for Extraterrestrial Intelligence at Home）プロジェクトでは、世界のパソコン・ユーザーをネットワークでつなげて、電波望遠鏡で受信した膨大な量のデータの解析を進めています。

　兵庫県立西はりま天文台の、世界最大級望遠鏡「なゆた」（図2-8-1）を使ったSETI@NHAOという日本のプロジェクトもあります。**なゆた望遠鏡**は、超高感度ハイビジョンカメラや可視冷却CCDカメラなどの観測装置を備えており、可視冷却CCDカメラを用いた特殊な観測で、宇宙の果てに迫ろうとしています。

図2-8-1　兵庫県立西はりま天文台のなゆた望遠鏡

2-9 電波天文学入門

●電波の窓と明るい地球

　第1章1-8節で学んだ**光の窓・電波の窓**は、電磁波が地球の大気に吸収されずに届く、ある限られた周波数の範囲を意味します。もし電波の窓がなかったら、**電波望遠鏡**も使えないし、人工衛星による通信もできません。

　高度な文明を持つ宇宙人がいたとして、彼らが電波望遠鏡で地球を見たらどうでしょうか。宇宙の誕生は137億年前といわれていますが、地球ができた46億年前にも、地球上では落雷があったときに電磁波は発生していたでしょう。

　しかし地球の長い歴史の中では、人間が電波を生み出せるようになったのはごく最近で、それは一瞬のできごとなのです。人為的につくられている電磁波の量からすれば、宇宙から見た現代の地球は最も「明るい」ときを迎えています。今後もますます明るくなる地球ですが、宇宙人が地球人を発見できるのは、今から何億年後なのでしょうか？

●電波望遠鏡 BIG EAR

　アメリカの著名なアンテナ研究者**クラウス**博士（1910〜2004年）は、宇宙から届く微弱な電波を受信する巨大なアンテナ"BIG EAR（巨大な耳）"を建設しました。

　図2-9-1は著書の表紙で、1963〜98年にアメリカ オハイオ州のパーキンズ天文台に設置されていた電波望遠鏡が描かれており、**クラウス型電波望遠鏡**とも呼ばれています。

出典：クラウスの著書、Cygnus-Quasar Books 1995年版の表紙

図2-9-1　クラウス博士の著書

●現代の電波望遠鏡

　宇宙から発せられる電磁波を受信して観測する天文学を**電波天文学**といいます。図2-9-2は、国立天文台の野辺山宇宙電波観測所の45m **電波望遠鏡**で、巨大な**パラボラ・アンテナ**を使って、宇宙からの微弱なミリ波の電波を受信しており、高感度の受信機と記録装置で構成されています。

　ミリ波の電波は、大気中の水蒸気に吸収されやすいので、水蒸気の少ない場所に設置されています。また都会で発生する人工の電波を避けることができる山に囲まれた高地が適しています。観測している電波は、太陽系だけでなく、強い電波が放射されている電波星や、地球から100億光年以上離れている、**クェーサー**と呼ばれる銀河の一種からも受信できています。

　ビッグバン理論では、約137億年前に大爆発で宇宙が始まったと考えられているので、宇宙の果てに迫る電波望遠鏡ができるかもしれません。

図2-9-2　国立天文台の野辺山宇宙電波観測所の45m電波望遠鏡

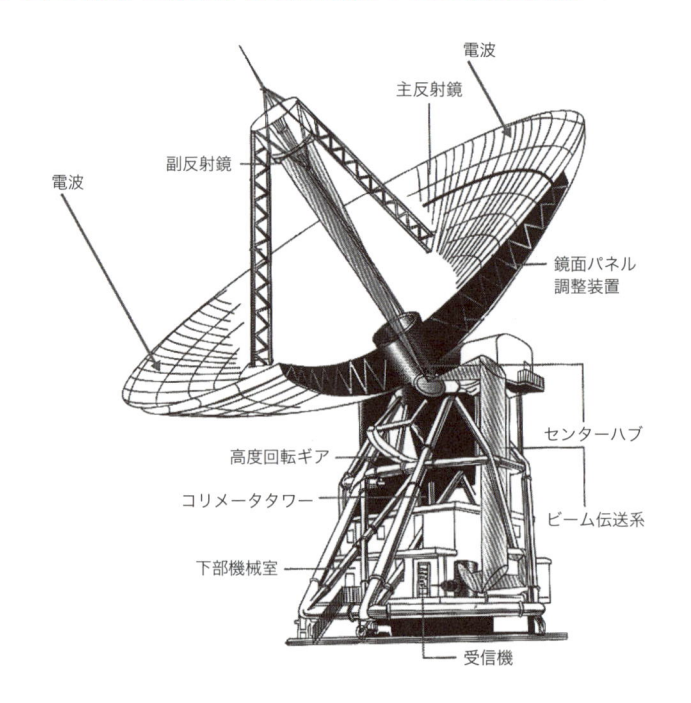

第 **3** 章

電波を利用する

　発見から100年以上経った今、電波の利用はさまざまな分野に広がっています。電波の商用化は通信から始まりましたが、今では放送や、位置・距離の測定、地震予知、また加熱調理などにも利用されています。本章では、多彩な電波の利用を解説します。

3-1 電波利用の夜明け

●モールスの有線からマルコーニの無線へ

モールス信号で有名なアメリカの**モールス**は、1842年に**海底電線**を敷設しています。通信実験中に電線を切ってしまった事故があり、その教訓から河をはさんで2つの電極を離しても通信できる**導電式無線通信**の実験を行いました。

また大地に強い電流を流して、この電流で通信する実験も成功していますが、これが後の**アース**（**接地**）のアイデアにつながりました。無線通信の実験に成功したのは、第1章で学んだドイツの物理学者**ヘルツ**（1857～94年）ですが、電波をできるだけ遠くへ伝える方法として、当初は地中に電気を通すアイデアが登場しました。

ヘルツ発振器の実験結果を知ったイタリアのグリエルモ・**マルコーニ**（1874～1937年）は、これを使って彼の別荘（図3-1-1）で無線通信の実験を行い、後にマルコーニ社を起こして商用化させることを考えました。

図3-1-1　イタリア ボローニャ郊外にあるマルコーニの別荘 Villa Griffone

裏庭か広がるゆるやかな丘陵で、世界初の長距離無線通信が実験された。

●マルコーニ博物館を訪ねる

　筆者らは、無線にゆかりの地を旅していますが、ついに念願の**マルコーニ博物館**を訪ねました。彼が無線実験を成功させた別荘はイタリアのボローニャ郊外にあり、現在は博物館になっています。訪問には事前に予約をする必要があり、博物館のホームページ（http://www.fgm.it/en.html）のBooking（予約）で申し込みができます。

　また、博物館内のツアー（Virtual tour）ページもあるので、Webで展示品の見学が楽しめるようになっています。出発前に予約を済ませていたので、予定の時間に間に合うように地元のバスに乗り込みました。たまたま若い女性の運転手でしたが、片言のイタリア語で博物館の写真を見せて、目的地の停留所で降ろしてもらい、何とかたどりつけました。将来見学したいという読者のために記しておきますが、バス停（Fermata：停車する所の意）の名前はPontecchio Mausoleoです。

図 3-1-2　バス停の表示

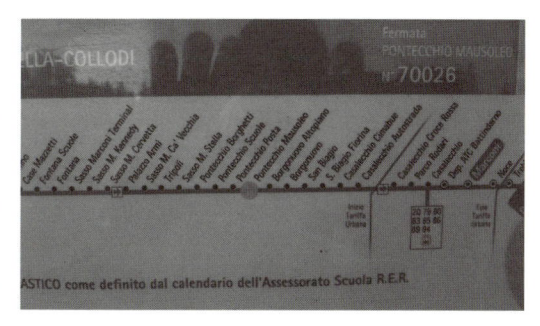

図 3-1-3　別荘の正面

● ワクワクする取材

　少し早く着いたので、前の見学者が終わるのを待って学芸員に案内してもらいました。電気に詳しいエンジニアのMaurizio さんはイタリア語で説明してくれますが、学芸員のBarbara さんが英語で通訳してくれます。その日は筆者らが最後の見学者で、はるばる日本から来たということもあって、長い時間見学できました。

　興に乗ってきたMaurizio さんは、マルコーニの実験を再現したデモンストレーションまで見せてくれて、取材は大成功でした。

　マルコーニの父親は裕福な地主で、彼は14歳になるまで学校へは行かずに家庭教師についていました。学校へ通うようになると化学や物理を勉強し、中でも電気には夢中になりました。

　図3-1-4は、別荘内の実験室を再現した部屋ですが、奥の机にはヘルツの研究論文を読んで自作した、**ヘルツ発振器**の**誘導コイル**が置かれています。

図 3-1-4　マルコーニの実験室

左手奥にヘルツ発振器の誘導コイルが見える。

●屋根裏部屋の実験から始まった

　マルコーニは、ヘルツの実験を再現するところから始めました。そのころ有線ではすでに電信や電話が使われていました。安政元年（1853年）の黒船来航で、**ペリー**は幕府に電信機を献上しましたが、当時アメリカでは電線を使った通信が実用化されていました。また1876年、グラハム・**ベル**が電話機を発明しています。

　マルコーニは、これらの有線通信で送る信号を電磁波で送るというアイデアを思いつき、なんとか「無線通信」を実現しようと、別荘の屋根裏部屋でコツコツ実験を繰り返していました。

　1895年12月、彼はついに部屋の端から反対の端まで、約9mの無線通信に成功しました。受波装置にはベルが付けられ、彼が送波器のスイッチを押すと電磁波が送り出され、よき理解者である母親の前で高らかに鳴り響いたのでした。図3-1-5は、マルコーニの無線通信を再現した実験セットです。

図3-1-5　マルコーニの無線通信を再現した実験セット

右奥の送波装置の電磁波を左手前のベル付き受波装置で受信する。

●庭園の先まで届かせる

　屋根裏部屋の実験成功に気をよくして、マルコーニは別荘の庭園で実験を始めました。図3-1-6は、庭園に持ち出された装置で、**アース**を使って大地に接地しているのが特長です。アンテナの下側の金属板は大地に接地され、これと空間に張り出したアンテナの金属板との間に電気が加えられました。

　机の上にあるのは、4つの球体で構成された**マルコーニの送信装置**（机上左）と誘導コイル（右）です。上部に吊り下げられているのは銅板で、ヘルツのアンテナでは片側の金属板に相当します。机の下には同じ寸法の銅板が敷いてあり、ヘルツのアンテナの片側をちょうど90°回転した位置関係です。

図 3-1-6　長距離無線通信の実験に使った送波装置と接地型アンテナ

●距離を伸ばすためには…

　マルコーニのアンテナの金属板は、ヘルツ・ダイポールの金属板よりもずいぶん大きいですが、マルコーニは通信距離を伸ばすことに終始し、金属板の寸法を大きくすると遠くまで届くという事実を、実験で確認しています。

　第1章 1-3節で示した長岡半太郎博士の論文では、金属球や金属板は**容量（キャパシタンス）**として共振周波数が計算されています。マルコーニの金属板も容量ですから、大きくすると共振周波数が低くなることがわかります。

　また彼は、波長が長い方が大地を伝わりやすいということも気づいていたようです。そこで、彼のアンテナは大きな容量体をどんどん高く設置して、ついには反対側の**容量体**に地球を使ってしまうという大胆な発想に至ったのです。

　図3-1-7は、博物館の庭に設置されている高さ8メートルのアンテナです。彼はこのアンテナで約2,400メートル先の受信に成功していますが、大地に接地しているのが特長です。空間に張り出したアンテナと大地の接地との間に電気が加えられましたが、この方式のアンテナを**接地系のアンテナ**と呼んでいます。

図3-1-7　長距離通信を成功させたアンテナ

3-2 電波商用化への歩み

●マルコーニの商才

図3-2-1の切手は、4つの球体で構成されたマルコーニの発振装置の部分と誘導コイルが描かれており、1897年にマルコーニと**ケンプ**によって4.5マイルの通信実験に成功したことも書かれています。

図3-2-1　マルコーニの記念切手とマルコーニが作った誘導コイル

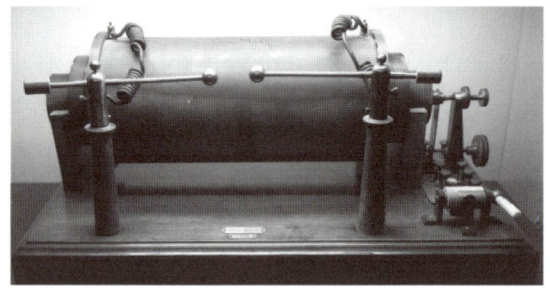

図3-2-2は、マルコーニのアンテナに始まる接地系アンテナの変遷を示しています。**ハープアンテナ**も、マルコーニが建てたアンテナの一つです。高さ60mのアンテナが強風で倒壊した後、45mの高さに抑えてハープ形に設計し、360kmの通信距離で実験に成功しています。

図3-2-2　接地系アンテナの変遷

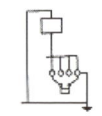

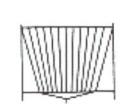

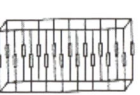

マルコーニのアンテナとアース	ハープアンテナ	T型アンテナ	マルコーニの逆Lフラットトップアンテナ	フランクリン配列アンテナ
1896年	1902年	1900年代	1905年	1922年

（大地への接地は省略）

マルコーニは父親譲りの実業家の才能を発揮し、1897年には無線電信会社を設立しました。しかしこれはイタリアではなくイギリスのロンドンです。実は本国の郵政省に無線電信の利用を働きかけたのですが、当時は有線電信の技術が確立されていたので、彼の成果に興味を持つ者は少なかったようです。彼はイギリスで商用化の道を切り開き、1900年にはマルコーニ無線電信会社になり、現在もGEC-Marconi社として引き継がれています。

●日本の電波技術の開花

第1章で述べたように、ヘルツの実験が成功した翌年の1889年には、物理学者、長岡半太郎博士によって追試が行われています。

あるとき彼の講演を聴いた電気試験所の松代松之助は、所長の命によって、マルコーニの研究が載っている雑誌をもとに、日本初の無線装置を作り上げ、1897年に東京湾で1800メートルの通信実験を行いました。

この装置はさらに改良されて通信距離を伸ばし、**三四式無線電信機**と呼ばれマルコーニの無線通信成功のわずか数年後には実用化されています。つぎの**三六式無線電信機**は、1903年（明治36年）には、370キロメートルの通信に成功しましたが、これらは海軍で開発され、日本海海戦でも使われています。

図3-2-3　三六式無線電信機のレプリカと回路図

（横須賀の三笠記念館に展示）

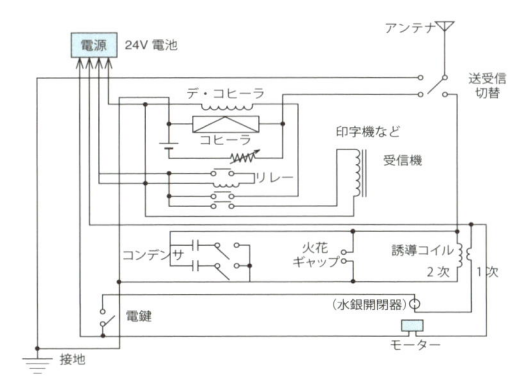

（国立科学博物館産業技術史資料情報センターの資料をもとに作成）

●無線通信の発明者は誰か

発明家**エジソン**（1847〜1931年）は、家庭や工場に電気を送電するのに直流が適していると主張しました。ハンガリー（現在はクロアチア）生まれの電気技師ニコラ・**テスラ**（1856〜1943年）は、1884年にアメリカのエジソン電灯会社に採用されましたが、彼は交流派だったので、2人の間で論争が起き、最終的にテスラが主張した交流が選ばれました。

図 3-2-4　テスラの電力無線伝送装置

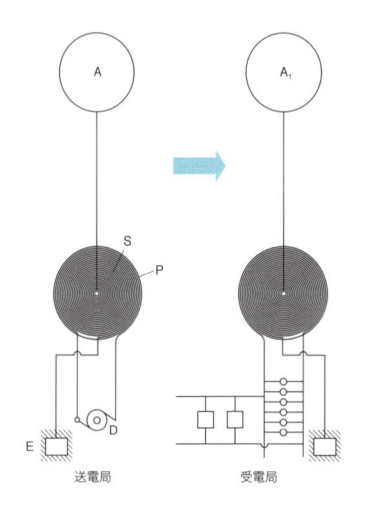

テスラは1893年、図3-2-4のような電力無線伝送装置を考案しました。彼は大気の上層部に導電層があり、これと大地で平行2線のように無線で電力を送ることを考えましたが、**世界システム**と呼ばれる送電装置の実験には失敗しました。

またテスラは、マルコーニ社が彼の特許を侵害していると告訴しましたが、長い抗争の末、アメリカの特許に関する法廷は、ようやくテスラの死後に、無線通信の発明者はテスラであると決定したのでした。1900年前後は、まさに電波の商用化に向けた群雄割拠の時代だったといえるでしょう。

図 3-2-5　電柱に登って電信線を切断しているマルコーニの風刺漫画

3-3 通信と放送

●維新の通信史

通信とは、人が人へ情報を伝える手段です。また**情報**とは、人のためになるデータといえます。つまり「人のためになるデータを伝える手段が通信」というわけです。

ところで情報という漢字は文豪 森鷗外の造語であるとする説が有力でしたが、それより25年も前のフランスの兵書の翻訳で使われたのが最初のようです。その本の中で野戦における「敵情偵察などの報知」を初めて「情報」と訳しています。

この言葉が明治維新という歴史の激動期に産まれたのは偶然ではありません。黒船で来航したペリーは幕府に**電信機**を献上しましたが、1871年（明治4年）から73年（明治6年）までアメリカ合衆国やヨーロッパ諸国に派遣された岩倉具視率いる岩倉使節団は、サンフランシスコで電信機局を見学しています。このときワシントンと交信していますが、先方には**モールス**もいたそうです。上海から長崎へ海底電線が敷設されて、1872年（明治5年）には電信で欧州とつながりました。

図 3-3-1 『格物入門』の図　電信印字機（左）と電信指示機（右）

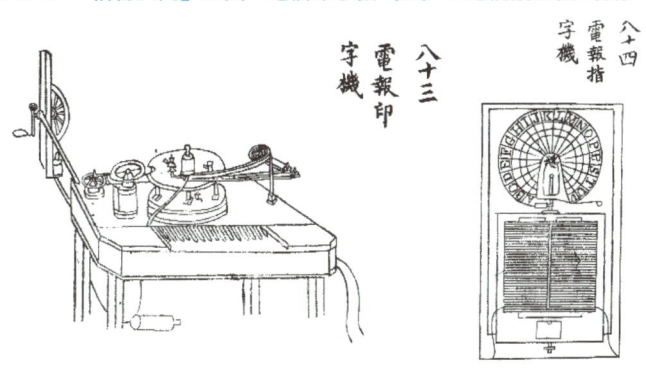

格物学は物理学の旧称

●情報の伝送

最も古い通信は「のろし」や「太鼓」でしょう。前者は光、後者は音による情報の伝達方法ですが、扱うデータはモールスの考案した**モールス符号**と本質的には変わりありません。

モールス符号は、文字に対してあらかじめ定められた符号です。双方でこの共通の符号を使うことで、文章を送受信します。日本で最初に電信の研究をしたのは、幕末の兵学者 **佐久間象山**（1811〜64年）といわれていますが、1869年（明治2年）には子安峻によって、図3-3-2のような和文のモールス符号が考案されました（現在は使われていない）。

図3-3-2　子安峻考案の和文のモールス符号

文字	モールス符号	文字	モールス符号
ア	--・--	ハ	-・・・
イ	・-	ヒ	--・・-
ウ	・・-	フ	--・・
エ	-・---	ヘ	・
オ	・-・・・	ホ	-・・
カ	・-・・	マ	-・・-
キ	-・-・・	ミ	・・-・-
ク	・・・-	ム	-
ケ	-・--	メ	-・・・-
コ	----	モ	-・・-・
サ	-・-・-	ヤ	・--
シ	--・-・	イ	・-
ス	---・-	ユ	-・・--
セ	・---・	エ	-・---
ソ	---・	ヨ	--
タ	-・	ラ	・・・
チ	・・-・	リ	--・
ツ	・--・	ル	-・--・
テ	・-・--	レ	---
ト	・・-・・	ロ	・-・-
ナ	・-・	ワ	-・-
ニ	-・-・	ヰ	・-・・-
ヌ	・・・・	ウ	・・-
ネ	--・-	ヱ	・--・・
ノ	・・--	ヲ	・---

モールス符号による通信は、電信機の**電鍵**（キー）を打鍵して電気信号に変換します。受信側では受信した電気信号を音に変え、あるいは印字機や指示機で文字を得ます。電話の場合は第1章 1-9節で学んだように、音声を電気信号に変えて送信し、受信側で電気信号を音声に戻すことで会話します。

図3-3-3　モールス符号や音声を電気信号に変換して伝える

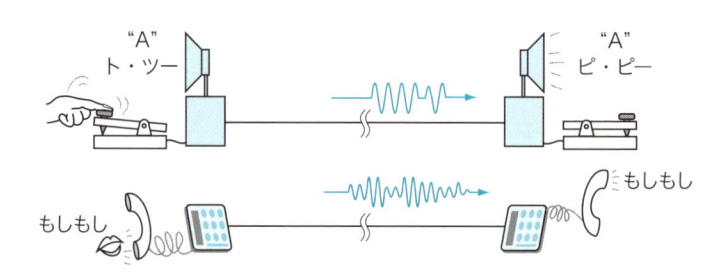

●ラジオ放送の歩み

ラジオ放送は、**送信アンテナ**から空間へ向かって放射された電気エネルギーが空間を移動して、確かに**受信アンテナ**に伝わります。放送電波が存在している空間であればどこで受信できるので、電波が空間を伝わっているという実感が得られます。日本のラジオ放送は、1925 年、大正 4 年に社団法人東京放送局 JOAK）の仮送信所から第一声が発せられました。図 3-3-4 の開局記念ポスターの後方に小さく描かれているのが、当時使われていた**探り式鉱石受信機**です。受信機の性能が悪く、電波の送信出力も弱く、東京都内でないとよく聴こえなかったそうです。

図 3-3-5 は、鉱石の代わりに**ゲルマニウムダイオード**を使って再現した受信機の回路です。まずアンテナが電波を受け取り、同調コイルに電流が流れます。バリコンは容量が変えられるので共振周波数が変わり、聞きたい放送局を選ぶ（同調）ことができます。つぎにゲルマニウムダイオードによって交流からプラス側（あるいはマイナス側）の片側だけの電流を取りだす検波を経て、もう一つのコンデンサで低周波の音声電流だけを取りだします。

図 3-3-4　東京放送局の開局記念ポスター

図 3-3-5　ゲルマニウム・ラジオの構成

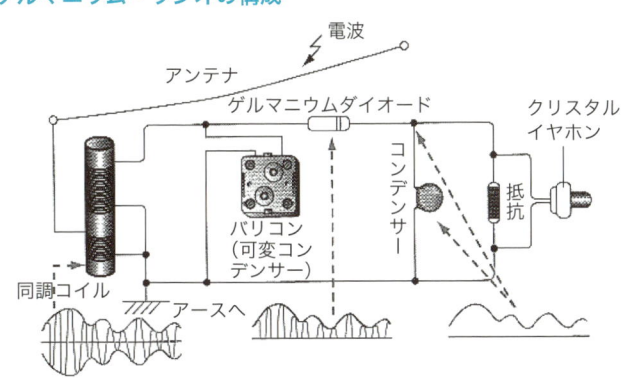

3-4 データが送られるしくみ

●データ通信とは

通信や放送の歴史をたどると、電気技術の発展過程がよくわかります。特にデータ通信といったときには、扱われるデータは一般にデジタル・データを指します。コンピュータの普及に伴って、現代社会で扱う情報は格段に増えましたが、**データ通信**は、まさにコンピュータが処理する膨大な情報のやりとりともいえます。

●コンピュータ・ネットワークによるデータ通信

オフィスや家庭内でも、複数台のパソコンをつなぐ **LAN**（Local Area Network）が普及しています。企業では、社内の情報をデータベースとして大型のコンピュータに保存して共有していますが、最近は複数台の大型コンピュータをネットワークでつなげ、遠隔地からの利用も含めてサービスを利用するようになりました。この利用形態は、ネットワークが雲のように見えることから、**クラウド・コンピューティング**と呼ばれています。

図 3-4-1　社内の LAN とインターネットの接続

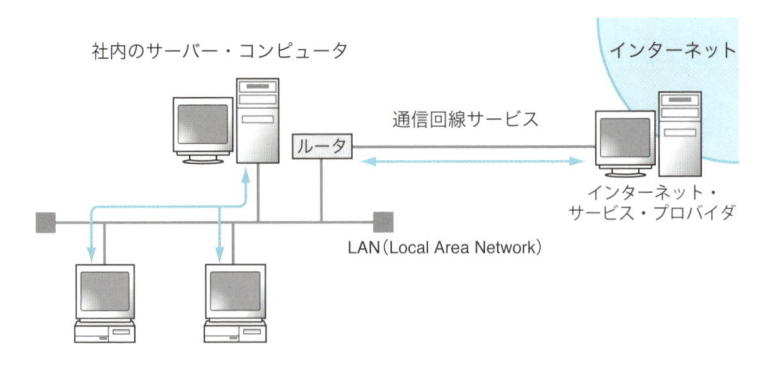

社内のサーバー・コンピュータ　　　インターネット
通信回線サービス
ルータ　　　　　　　　　　　インターネット・サービス・プロバイダ
LAN（Local Area Network）

LAN は文字通りローカル（限定された地域）でコンピュータ同士をつなげる形体です。**ルータ**という通信機器は、**通信回線サービス**を使って社内の

LANを社外にある別の企業のLANにつなげるために使われます。

また、**インターネット**への接続を提供する電気通信事業者である、インターネット・サービス・プロバイダーを経由してインターネットにつなげるときにも、このルータという機器を使います。

●イーサネットLAN

LANで使用する通信用ケーブルは、当初は同軸ケーブルが使われました。現在は、図3-4-2のような**ツイストペア・ケーブル**（撚り対線）による接続方式が普及しています。

図3-4-2　LANのツイストペア・ケーブル

これらのケーブルを使って伝える電気信号の規格を、**イーサネット**（Ethernet）と呼んでいますが、etherとは、空間に存在していると考えられていた**エーテル**（第2章参照）のことです。イーサネットは世界的な取り決めなので、この国際規格に基づくLANの装置を持ったパソコンは、**イーサネット・ケーブル**でつなげると、簡単にLANを構成することができます（図3-4-3）。

イーサネットの規格は**10Base5**や**100Base-T**、**1000Base-SX**などがあり、最初の数字は通信速度を表します。つぎのbaseは、ベースバンドという変調方式を表し、最後の英字は、通信線路（媒体）の種類を表します（5、2：同軸ケーブル、T、TX：ツイストペア線、SX、LX：光ケーブル）。

●LANケーブルの信号

初期のLANは、図3-4-4のような10Base5の**同軸ケーブル**を使ってパソコンを接続していました。イーサネット・ケーブルとトランシーバ・ケーブルの信号は、電圧が異なりますが、1と0の表現方法がわかります。

1は信号の電圧が低いレベルから高いレベルへ立ち上がり、0は逆に高いレベルから低いレベルへ立ち下がるときに対応しています。この表現方法を**マンチェスター符号**と呼んでいます。

図 3-4-3　ツイストペア・ケーブルによるパソコンの接続

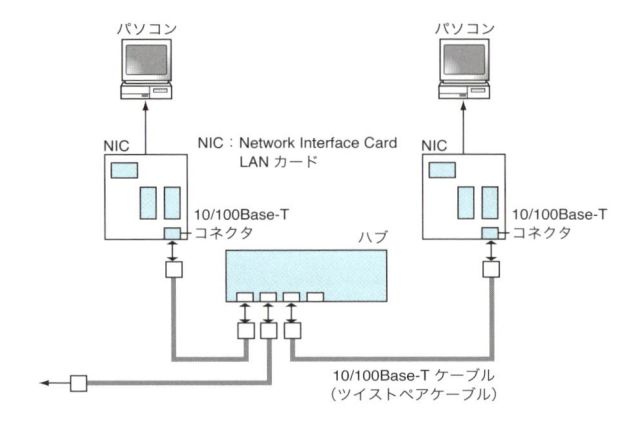

図 3-4-4　10Base5 の同軸ケーブルとケーブル上での信号のようす

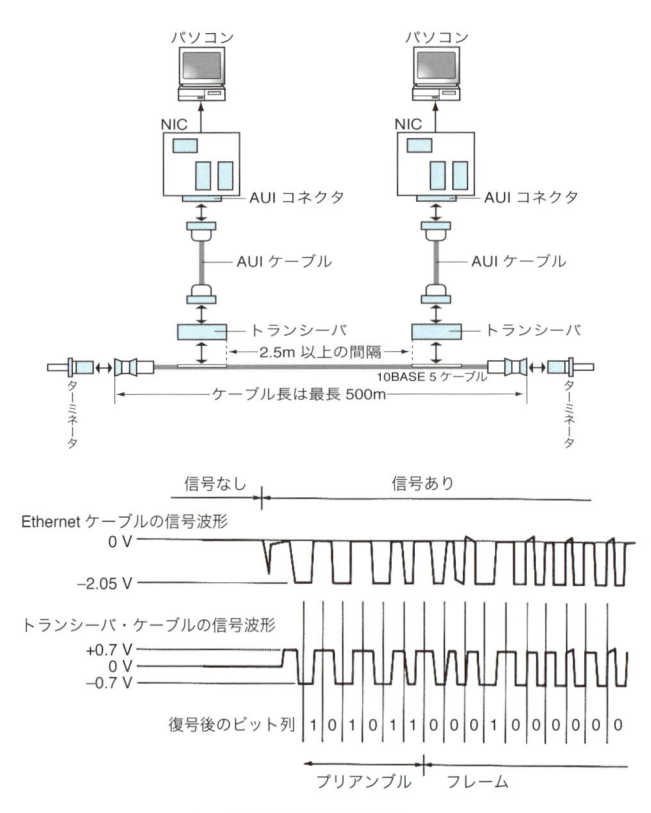

ケーブル上での信号のようす

3-5 ベースバンド伝送とブロードバンド伝送

●ベースバンド伝送とは

ベースバンド伝送は、前節のイーサネット・ケーブル上の信号のように、1と0をそのまま電圧の変化に置き換えて伝送するシンプルな方式です。

イーサネットでは**マンチェスター符号**を使いますが、このほかにも表3-5-1に示すような表現方法があります。

ここで**単流**とは、0を電圧0ボルト、1をある値の電圧で示す方式です。また**複流**とは、1と0を電圧の極性（プラスまたはマイナス）で表現する方式をいいます。**バイポーラ**はデジタル交換網や高速デジタル回線、また**CMI**（Code Mark Inversion）は、光ファイバーによる**光速デジタル回線**などで使われる方式です。

表 3-5-1 ベースバンド伝送で使われる伝送方式

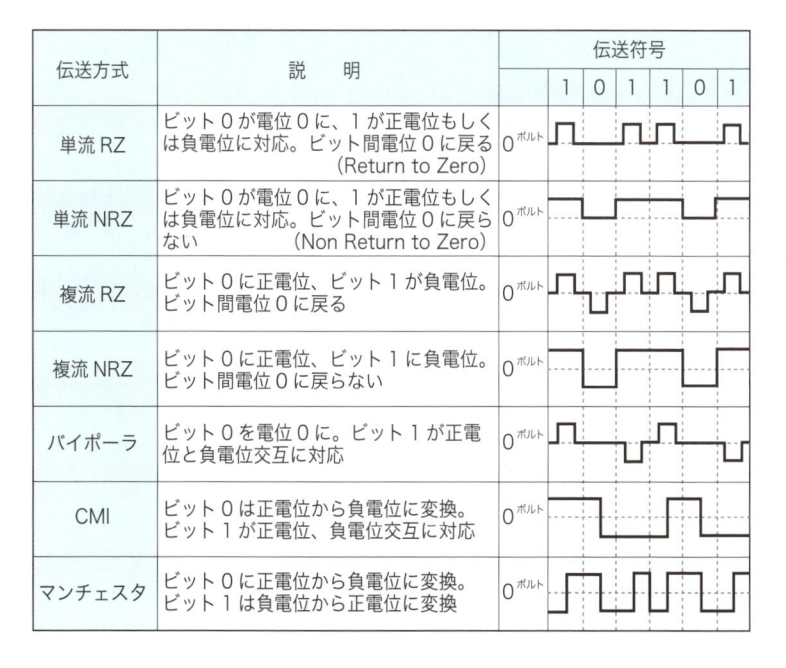

伝送方式	説明	伝送符号 1 0 1 1 0 1
単流 RZ	ビット0が電位0に、1が正電位もしくは負電位に対応。ビット間電位0に戻る（Return to Zero）	
単流 NRZ	ビット0が電位0に、1が正電位もしくは負電位に対応。ビット間電位0に戻らない（Non Return to Zero）	
複流 RZ	ビット0に正電位、ビット1が負電位。ビット間電位0に戻る	
複流 NRZ	ビット0に正電位、ビット1に負電位。ビット間電位0に戻らない	
バイポーラ	ビット0を電位0に。ビット1が正電位と負電位交互に対応	
CMI	ビット0は正電位から負電位に変換。ビット1が正電位、負電位交互に対応	
マンチェスタ	ビット0に正電位から負電位に変換。ビット1は負電位から正電位に変換	

● ブロードバンド伝送とは

　デジタル・データの変調は、第1章1-9節で学んだとおり、ASKやFSK、PSKの変調方式が使われています。インターネットにアクセスするときには電話回線を利用する **ADSL回線サービス** や **CATV（ケーブル・テレビ）** の回線を使います。このような場合には、デジタル信号をアナログ信号に変換して送信し、受信側でアナログ信号をデジタル信号に戻しますが、このような伝送方式を **ブロードバンド伝送方式** といいます。

　図3-5-1は第1章1-9節のおさらいです。まず **ASK** は、デジタル・データの0を搬送波なしに、また1を搬送波ありに対応させています。

　FSK は0と1を周波数の異なる搬送波に対応させる方式です。FM波は搬送波の雑音成分を除去できるので、AMよりも雑音に強いといわれています。

　PSK は位相の変化を0と1に対応させています。搬送波は、図3-5-2のように1周期を360度（2π）とすれば、0を0度、1を180度変化させることで表現します。

　また、2ビットの00、01、10、11を0度、90度、180度、270度に対応させる **4相方式** や、3ビットを割り当てる **8相方式** があります。

図 3-5-1　デジタル信号の変調方式

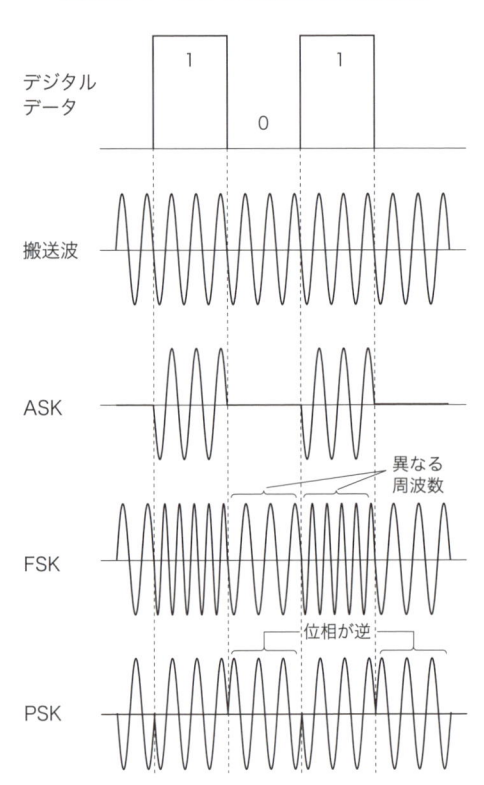

図 3-5-2　サイン波と角度

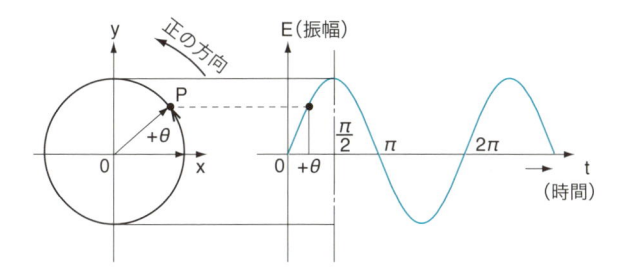

●振幅位相変調と IQ 平面

振幅位相変調は、前項の振幅変調と位相変調を組み合わせた変調方式です。図 3-5-3 は、8 つの位相角に 2 つの振幅を割り当てた振幅位相変調の例です。この方式では、図に示すように 4 ビットで構成される 0000（十進の 0）から 1111（十進の 15）を割り当てることができます。

図 3-5-3　振幅位相変調の例

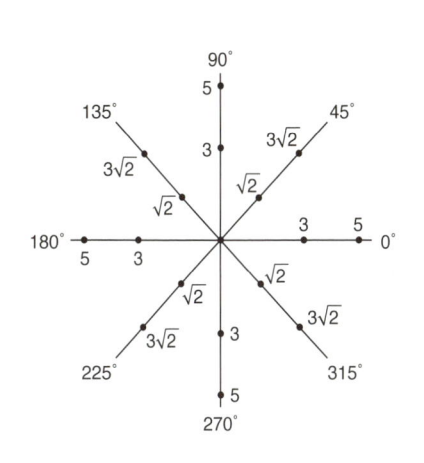

ビット	振幅	位相角
0000	$\sqrt{2}$	45°
0001	3	0°
0010	3	90°
0011	$\sqrt{2}$	135°
0100	3	270°
0101	$\sqrt{2}$	315°
0110	$\sqrt{2}$	225°
0111	3	180°
1000	$3\sqrt{2}$	45°
1001	5	0°
1010	5	90°
1011	$3\sqrt{2}$	135°
1100	5	270°
1101	$3\sqrt{2}$	315°
1110	$3\sqrt{2}$	225°
1111	5	180°

図 3-5-3 は、X 軸と Y 軸による直交座標ですが、両者には 90 度の位相差があります。そこで、X 軸を **I 相**（**In phase**）、Y 軸を **Q 相**（**Quadrature phase**）といい、この表示面を **IQ 軸**や **IQ 平面**、または **IQ コンスタレー**

ション ということがあります。図 3-5-4 は **8 相 PSK** と **QAM**（Quadrature Amplitude Modulation）の IQ 平面です。

図 3-5-4　8 相 PSK（左）と QAM（右）の IQ 平面

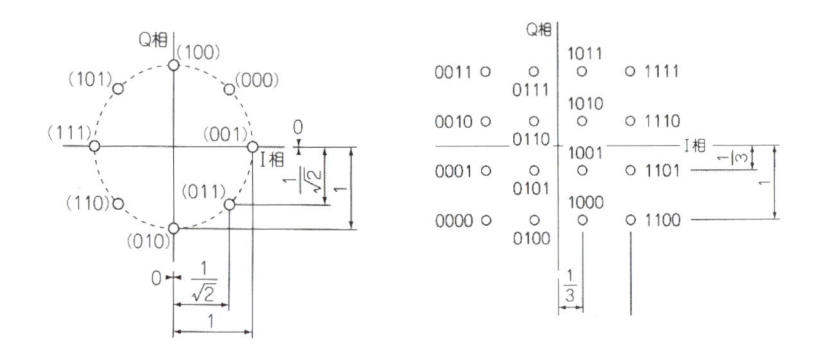

●デジタル通信の電波はアナログである

地デジの電波はデジタル放送なので、1 と 0 の矩形の信号（**パルス波**）がそのまま電波となって届いていると考えるかもしれません。第 1 章でも学んだ通り、パルス波は直流から高周波までの多くの周波数成分を含むため、そのまま電波にすると広い周波数帯域にわたってノイズを撒き散らすことになってしまいます。そこで、1、0 のデジタル・データは、**フィルター**という回路素子を通して、高周波の余分な成分を取り除いています。

AM ラジオのような**アナログ変調**と**デジタル変調**の違いは、結局は変調したい元の信号が音声のような**アナログ**なのか、あるいは 1、0 のデジタル・データなのか、ということだけです。

図 3-5-5 は携帯電話の回路図ですが、送信と受信を分けて描いたのが図 3-5-6 です。送信は D-A 変換以後がアナログ回路、受信も A-D 変換までがアナログ回路で処理されていることがわかるでしょう。このように、デジタル通信の電波はアナログなのです。

図 3-5-5　携帯電話の回路ブロック図

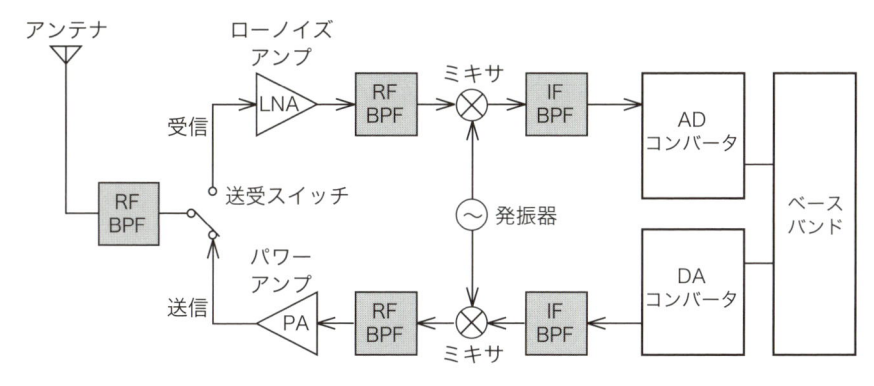

RF BPF：高周波バンドパスフィルター
IF BPF：中間周波バンドパスフィルター

図 3-5-6　デジタル通信の電波はアナログ

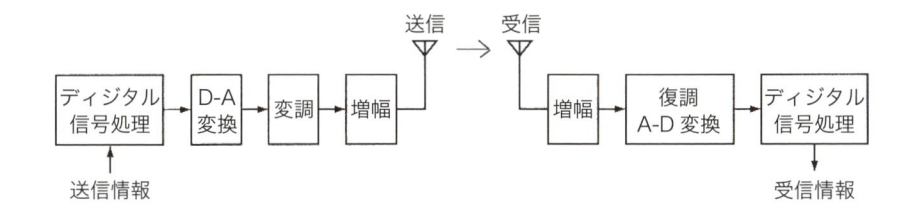

> **！ デジタルの電波？**
>
> 　デジタル波形は、一般に台形に近い波の繰返しになります。この台形パルス信号をそのままアンテナに送り込めばデジタルの電波といえますが、例えばパルスの幅が600ps（ピコ秒）のときには、約1.7GHzを中心に、4GHz近くまでの幅広い電波をまき散らしてしまいます。これは多くの周波数のサイン波の集まりなので、それぞれはアナログの電波なのです。

3-6 衛星放送

●放送衛星の種類

　BS 放送は、赤道上空の人工衛星から送られる電波を、小型のパラボラ・アンテナで受信します。BS とは Beoadcasting Satellite の略で、放送衛星を意味しています。NHK や WOWOW などは、BSAT という赤道上空 3 万 6000km にある放送衛星を使っています。ISS 国際宇宙ステーションの高度は地上から約 350km ですから、それよりもはるかに遠い軌道を回っています。**CS** は Communication Satellite の略で、**通信衛星**とも呼ばれ、デジタル衛星放送の「スカパー！」などが利用しています（図 3-6-1）。

図 3-6-1　放送衛星の種類

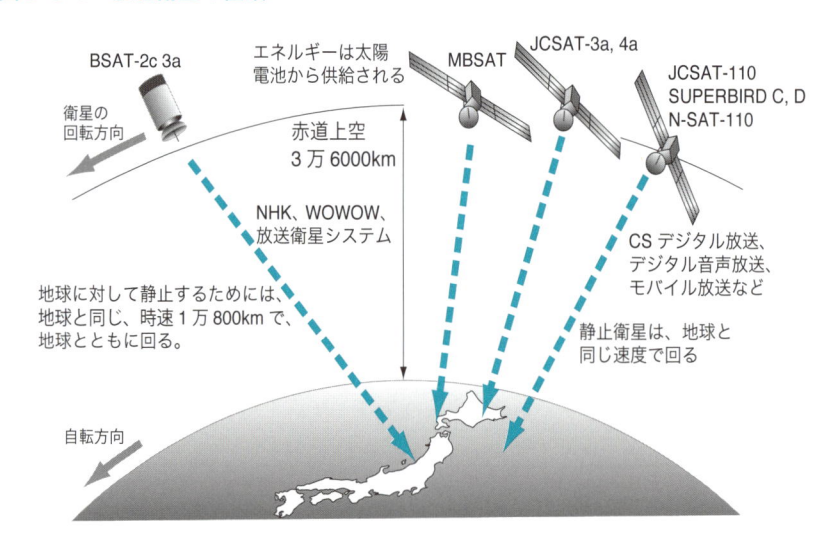

● BS や CS を受信するアンテナ

　BS や CS の受信には、**パラボラ・アンテナ**とチューナーが必要で、アンテナは、放送衛星に向けるように調整します。放送衛星は赤道上空を地球と

同じ速度でまわっているため、地上からは止まって見える**静止衛星**です。

　一般に受信用のパラボラ・アンテナは、それぞれの衛星の位置が異なるので、それぞれに必要で、BS 用と CS 用は、設置の際に個別に角度を調整します。

　また NHK 以外は、送信の信号を暗号化（スクランブル）しているので、それぞれの放送サービスと契約して、スクランブルを解読するデコーダを持ったチューナーが必要になります。

●番組が届くまで

　BS や CS の番組は、地球にある放送局から衛星に送られますが、これを**アップリンク**と呼んでいます。この途中で、電波は大気中を通り、このとき水滴や水蒸気などで減衰して弱くなってしまいます。そこで衛星に搭載しているトランスポンダ（中継器）で電波を増幅して、もとの信号の振幅にもどします。

　このあと地上へ向けて送信され、これを**ダウンリンク**といいますが、その周波数はアップリンクとは異なります。パラボラ・アンテナは、この電波を最も良好に受信できる方向に向ける必要がありますから、自分で取り付ける場合には、根気よく調整しましょう。

　送信電波はマイクロ波（12GHz 前後）が使われているので、台風の豪雨や、雲の層が厚いときなどは、画面が乱れることがあります。しかし通常は途中にさえぎるものがないので、きれいな画像が受信できます。また音声も、デジタル変換されているので高音質です。

　1 台のパラボラ・アンテナで BS と 110 度 CS が受信できる製品が市販されています。アンテナを複数設置する必要ないので、放送衛星の方角に障害物がなければ、集合住宅のベランダの手すりにも付けられます（マンションなどの規約によっては許可されない場合もある）。

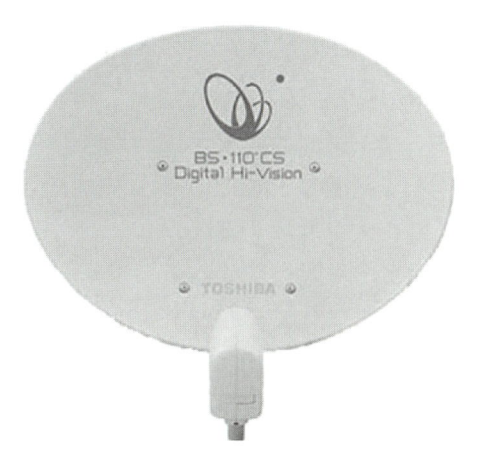

図 3-6-2　BS と 110 度 CS が受信できるパラボラ・アンテナの例（東芝 BCA-453K）

3-7 カーナビゲーション

●カーナビのしくみ

カーナビゲーション・システム、略称カーナビは、DVDなどに記録された地図データと、**人工衛星**が発する電波をもとに、走行中の位置をテレビモニタの地図に重ねて、自分の居る場所を知ることができます。

カーナビを利用するためには、人工衛星からの電波を受信するアンテナや電波をもとに位置を特定するコンピュータ（カーナビ本体）、地図データを読むDVDまたはCD-ROMドライブ、地図を表示するテレビモニタが必要になります。カーナビが受信している電波は、GPS衛星から発せられています。

● GPSのしくみ

現在、カーナビや携帯電話で使われている**GPS（全地球測位システム）**は、米国防総省が管理するGlobal Positioning Systemという軍事用の衛星測位システムのデータが民間に開放されたことで実現しました。衛星測位システムは、複数の人工衛星から送信される測位信号を受信して、地球上の受信位置を知ることができます。

図 3-7-1　3個のGPS衛星からの電波を受信

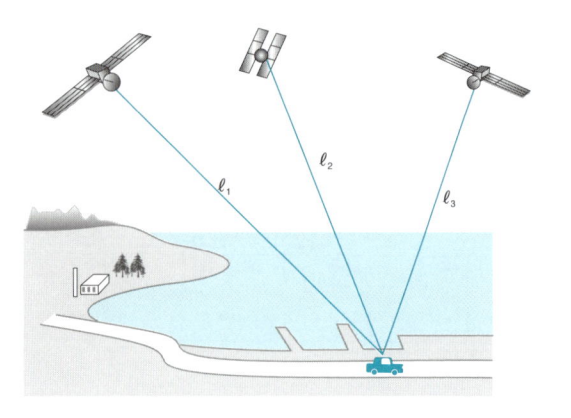

GPS衛星は30個近く打ち上げられていますが、衛星の軌道と、衛星に搭載されている原子時計の正確な時刻データが送信されています。受信側は、数個のGPS衛星から電波信号を受信して、その電波の時間差からそれぞれの衛星との相対的な距離差を計算して、その交点を求めると位置が定まります。

図 3-7-1 は、3 個の GPS 衛星から電波信号を受信している例です。3 個の衛星からの距離が求まった場合、これをカメラの三脚と考えれば、3 本の脚の長さが異なっていてもカメラを固定する位置が決まるように、空間の 1 点は定まることになります。実際には受信する衛星が 3 個に限られているわけではなく、個数に応じた最適な方法が用いられます。

GPS 衛星が送信している電波の周波数は **1.5GHz** 帯で、波長は約 20cm ですから、アンテナの寸法は、半波長の 10cm 程度にすることが可能です。

●重要なアインシュタインの相対性理論

図 3-7-1 のしくみを考えると、それぞれの脚の長さがわずかにずれただけでも位置は不正確になってしまうことがわかるでしょう。GPS 衛星の原子時計は、地上の時間と精密に合わせてあり、GPS 衛星との距離は、自分の時刻と衛星からの時刻の差から、電波の速度 2.99792458×10^8 [m/s] を使って計算します。

第 2 章に登場した**アインシュタイン**の**特殊相対性理論**から、動いているものの時間は遅れることがわかっています。GPS 衛星の速度は、秒速約 3.88km です。そこで、衛星の時計を、地上の時計と合わせるために、この分を補正する必要があります。また**一般相対性理論**から、地球表面と GPS 衛星の重力の差によって、GPS 衛星では、地球表面よりも時間が早く進みますから、この分も補正が必要です。

補正値の合計は、衛星が完全な円の軌道と仮定したときに、4.4×10^{-10} 秒になるのだそうです。実際には完全な円軌道ではないので、これによる誤差も GPS 受信機で補正されています。携帯電話の中には GPS 機能を持つものもありますが、携帯では GPS の座標計算が即座に処理しきれないので、携帯基地局から別のコンピュータに送信して処理してもらいます。

図 3-7-2　超小型 GPS アンテナ（日立金属）

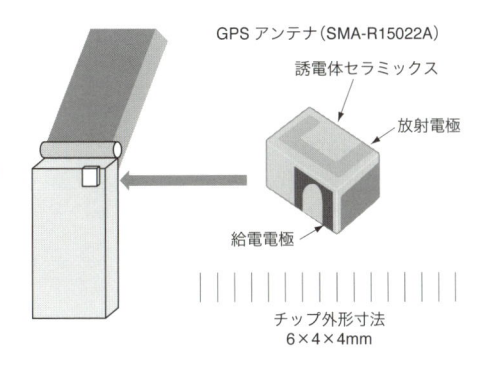

GPS アンテナ(SMA-R15022A)
誘電体セラミックス
放射電極
給電電極
チップ外形寸法 6×4×4mm

3-8 携帯電話と移動体通信

●携帯電話のアンテナ

初期の**携帯電話**の**アンテナ**は、棒状のエレメントを引き出して使う**ロッド・アンテナ**でした。これは引き出したときの長さが約1/2波長で、**ダイポール・アンテナ**と同じ動作をしています。

図3-8-1は、携帯電話機の上部に背の低い筒形のカバーが固定されているタイプです。円筒の中には、ダイポール・アンテナの線をバネ状に巻いた**コイル・アンテナ（ヘリカル・アンテナ）**が収納されています。

しかし最近は、アンテナが見えない内蔵型の小型アンテナが主流になりました。それは図3-8-1の点線で示した**逆F型**のアンテナですが、さらに小型化する目的で、エレメントを図3-8-2のようにジグザグに折り曲げた**メアンダ・エレメント**も使われています。

図3-8-1 携帯電話のアンテナ

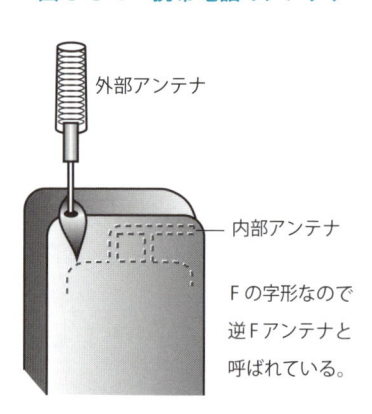

外部アンテナ

内部アンテナ

Fの字形なので逆Fアンテナと呼ばれている。

図3-8-2　メアンダ・エレメントのアンテナ（左）とコンピュータによる表面電流の計算結果（右）

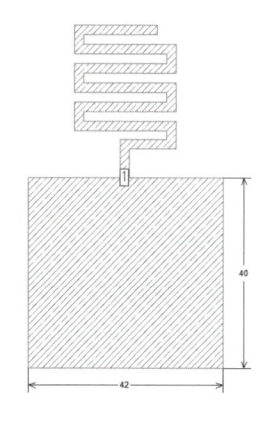

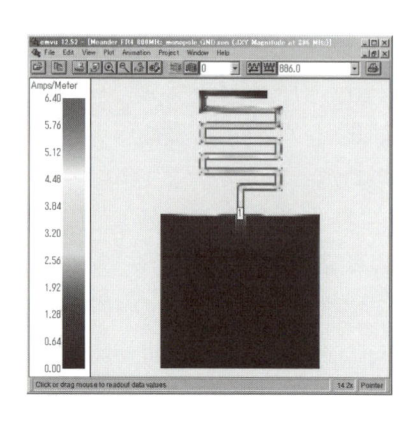

●移動しながら通信するしくみ

　携帯電話は、電波を相手に届けるために、中継用の基地局とつながります。鉄柱の上部、ビルの屋上や電柱などに図 3-8-3 のような**基地局**のアンテナがありますが、そこから電波が届く範囲を**ゾーン**と呼んでいます。それぞれの基地局は、連携してゾーンが途切れない範囲で、例えば数キロメートルごとに設置されています。そこで、利用者が移動しているときには、ゾーンが替わると自動的に追跡接続を行って、通話が途切れないようになっています。

　PHS（Personal Handyphone System）も同じしくみですが、ゾーンの半径が 100 〜 300 メートルと、携帯電話に比べて小さくなっています。図 3-8-3（右）は PHS の基地局アンテナですが、何本ものダイポール・アンテナが組み合わさって連携することで、電波の方向（**指向性**という）を切り替えることができます。

図 3-8-3　携帯の基地局のアンテナ（左）と PHS の基地局のアンテナ（右）

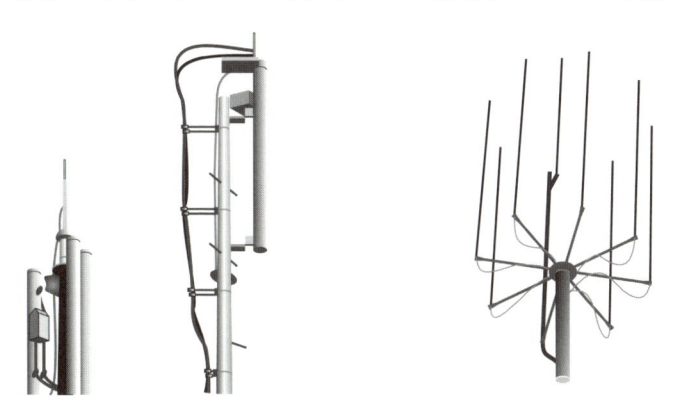

●携帯電話の現在地を捜すしくみ

　遠方の出張先で携帯電話を受けたとき、ふと不思議に思ったことはないでしょうか。「なぜここにいるのがわかったのだろう？」

　携帯電話に電源が入っているときには、一定の周期で基地局と通信して、今どこに携帯電話があるのか、移動通信交換機の中にある**ロケーション・レジスタ**に記録されています。

一般の電話から携帯に電話がかかると、中継交換機を通じて通話しますが、ロケーション・レジスタは、いくつかのゾーンをまとめたエリアで携帯電話の現在地を記録しているので、携帯に電話がかかると、このエリア内のすべての基地局から呼び出しの電波が発信されます。そこで、移動先にもスムースにつなげることができるのです。図 3-8-4 に、携帯電話が移動しながら通信するしくみを示します。

図 3-8-4　携帯電話が移動しながら通信するしくみ

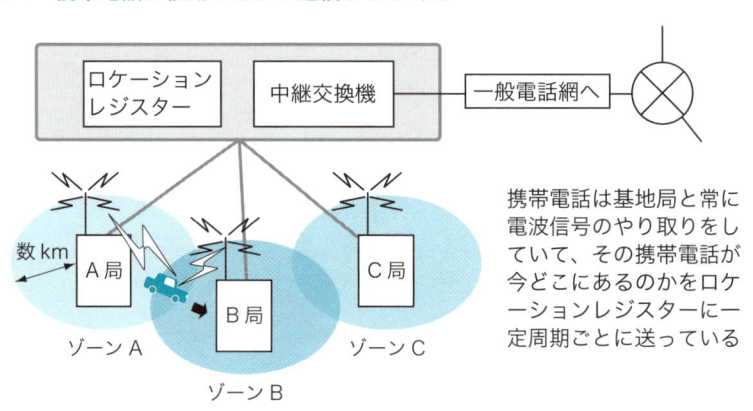

携帯電話は基地局と常に電波信号のやり取りをしていて、その携帯電話が今どこにあるのかをロケーションレジスターに一定周期ごとに送っている

●技術革新が進む携帯電話の世界

　アップルの iPhone をはじめ、**スマートフォン**と呼ばれる多機能携帯端末の出荷台数が 1 億台を超え、PC よりも多くなりました（2010 年第 4 四半期）。携帯電話の通信機能だけでなく、ネットワーク機能やスケジュール管理など、**PDA**（Personal Digital Assistant）が持つ多種多様な携帯情報端末の機能も兼ね備えています。

　海外にでかけたときに、地元の携帯電話会社のネットワークを使って自分の携帯電話を使うことを**ローミング**と呼んでいます。ローム（roam）は英語であちこち歩き回るという意味がありますが、国際ローミングというサービスを利用することで、現地の携帯電話を購入する必要はなくなります。しかし、海外では多くが **GSM** 方式なので、日本から持ち込む携帯電話機も GSM に対応している機種が必要です。

3-9 位置を測定する

●東日本大震災による地形の変化

2011年3月11日14時46分、三陸沖でマグニチュード9.0の地震が発生しました。この未曾有の大地震に、どこまで予知が可能なのかと、改めて前兆現象の分析が注目されました。

地球の内部には流動するマグマがありますが、地表まで押し上げられると裂け目をつくって大地を拡げます。この状態で固まったマナ板状の岩盤を**プレート**といいます。この板がずれたり別の板の上に乗り上げたりすることで地震が起こるといわれています。そこで、プレートがどのように動くか測定し続ければ、**地震の予知**にとって重要なデータになります。

地殻変動と呼ばれる岩盤の動きの測定は、地震予知のための基本的な観測になり、測定に役立っているのが、3-7節の**GPS**です。全国にはGPSの電子基準点網が約1200カ所建設され、約20km間隔で配置されています。

図3-9-1は、GPS解析による2011年3月11日14時46分から4分間のGEONET牡鹿観測点の変位波形で、上から、東西（東が正）、南北（北が正）、上下（上が正）方向の地面の動きを示しています。

図3-9-1　東日本大震災の地震時変位
京都大学防災研究所地震予知研究センターのハイレートGPS解析結果
(http://www.rcep.dpri.kyoto-u.ac.jp/)

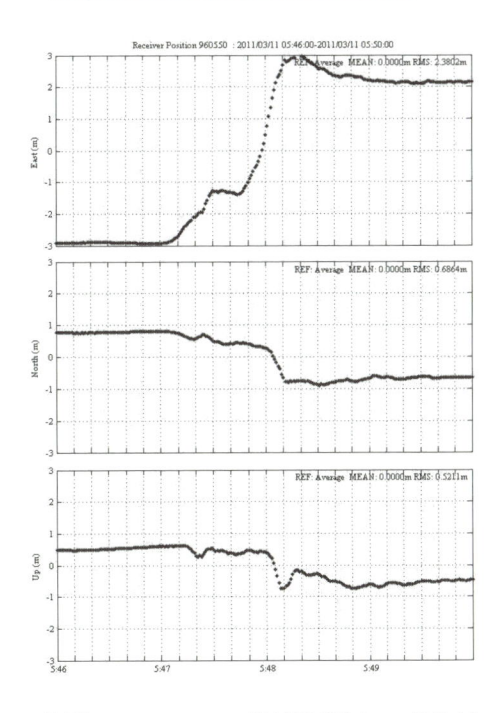

3-10 距離を測定する

●日本とハワイの距離

　地震を経験すると、地球は生きているということが実感されます。日本付近には、北アメリカプレート、ユーラシアプレート、太平洋プレート、フィリピン海プレートという4つのプレートが集まっています。

　日本列島は、北アメリカプレートとユーラシアプレートにまたがって乗っていますが、太平洋プレートとフィリピン海プレートがもぐりこんで、これらは互いに移動しています。ハワイは太平洋プレートにあり、日本とは約5,700kmの距離がありますが、毎年6cmずつ近づいているのだそうです。

　大陸間の移動は、**VLBI**（Very Long Baseline Interferometry）という方法で観測されています。VLBIは**超長基線電波干渉法**と訳され、数十億光年の彼方にある電波星から放射される電波を、世界各地のアンテナで受信して、到達時間の差を計算するという方法です。

　電波の到達時刻の差は1/100億秒まで測れる時計を使い、時刻差からアンテナを接地している場所間の距離を求めています。この測定で移動を監視することで、例えばハワイは年間6cmで日本に近づいているということがわかります。つくばVLBI観測局は、茨城県つくば市北郷1番（北緯36°06′11″、東経140°05′19″、標高44.6mにあります。

図3-10-1　つくばVLBI観測局のパラボラ・アンテナとVLBI観測点（金属標）

●赤外線レーザーによる測量

レーザー距離計は、距離を測りたい場所にある物にレーザー光を照射して、反射して戻ったレーザー光を受け、光が戻るまでの時間で距離を計算します。

レーザー光は、レーザー・メスやDVDのデータ読み書きにも使われています。CDやDVDの赤色のレーザーの波長は650nm、ブルーレイ・ディスクの青紫色の**レーザー波長**は405nmで、可視光の中では最も短い波長です。

ゴルフで使われるレーザー距離計（図3-10-2）は、精度を高めるために0.5秒間に何百回も照射して、正確な距離を測るという仕様になっています。

図3-10-2　ゴルフで使われるレーザー距離計とその構造

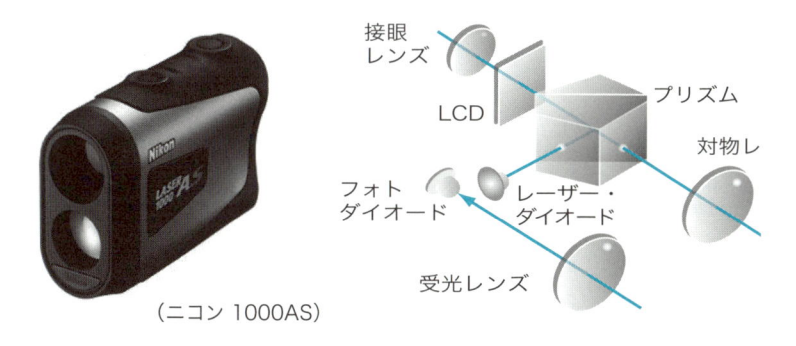

（ニコン 1000AS）

接眼レンズ
LCD
プリズム
対物レ
フォトダイオード
レーザー・ダイオード
受光レンズ

●雷までの距離を測る

雷は放電のときに**電磁波**を発します。

図3-10-3はこれを受信するアンテナと**雷観測装置**です。パルス放電は広帯域の電磁波を発しますが、雷は**超長波（VLF）**や**長波（LF）**を発生します。測定は、2カ所の観測点で受信して受信電波の強度が最大の方角を知り、**三角測量**で雷の位置を決めます。このほか、2カ所の観測点で受信した電波の位相差を検出して雷の位置を決める方法、また3カ所で電波の到達時刻の差を測定して位置を決める方法があります。

図3-10-3　雷観測装置

3-11 遠隔操作

●ラジコンの世界

ラジコンは無線による**遠隔操作**のことで、**ラジオ・コントロール**の略称です。趣味の世界では、模型の飛行機やヘリコプター、自動車などが人気です。

プロポは**デジタル・プロポーショナル・システム**（比例制御）の略称で、コントローラ（送信機）のスティックの角度に応じて、**RCサーボ**を制御します。ここでRCサーボとはラジコン模型用の**アクチュエータ**（機械を作動させるもの）で、モーターや減速ギア、制御基板、位置センサ（**ポテンショメータ：可変抵抗器**）から成っています。例えば、模型飛行機では方向舵や昇降舵などに使用されているものです。

遠隔操作はつぎのように行われます。送信電波は、コントローラーのスティックに連動したポテンショメータによって、角度に応じた幅のパルス波がつくられ、**制御信号**として一定間隔で送信されます。一方受信機側では、ポテンショメータからサーボの舵角に応じた電圧が出力され、受信機から入力されるサーボパルスの幅で規定される動作角とのズレを検出して、そのズレがなくなるまでモーターを回します（図3-11-1）。

図3-11-1　サーボ・モータのパルス幅と回転角度の関係

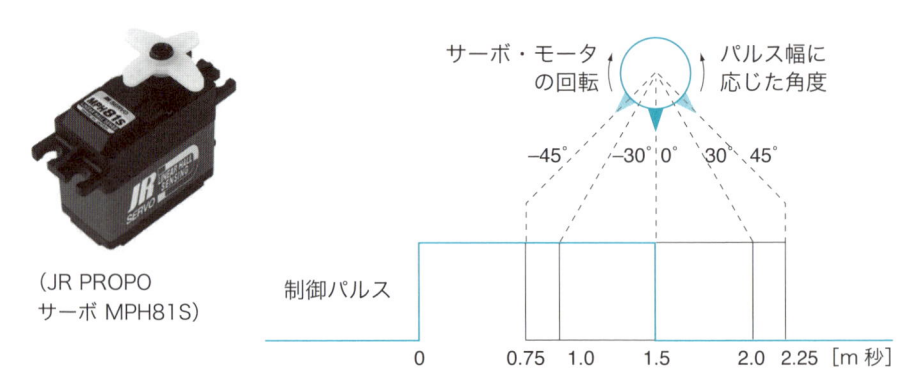

（JR PROPO サーボ MPH81S）

●電波の変調方式

ラジコンで使用している電波の主な**周波数帯**は、27MHz 帯、40MHz 帯、72MHz 帯、73MHz 帯、2.4GHz 帯で、**電波法**によりラジコンに割り当てられています。2.4GHz 帯は電子レンジと同じ **ISM**（産業科学医療用）バンドです。

各帯域内では複数のバンドを用いて、同時に何台も制御できるようになっています。例えば 27MHz 帯では 12 のバンドがありますが、バンドと呼ばれているのは、正確には搬送波の周波数のことです。制御できる可動カ所をチャネルと呼ぶので、あえてバンドと呼んでいるようです。

一般財団法人 日本ラジコン電波安全協会の Web によると、ラジコン用電波と電波法の主な規定は、つぎのようになっています。

ラジコン用発振器として認められている電波型式

 ホビー用：A１D、A２D、F１D、F２D、F３D

 産業用　：F１D、F２D、F３D

上記の電波型式の表記はアマチュア無線家にはおなじみの記号ですが、それぞれの文字の意味は表 3-11-1 のとおりです。

表 3-11-1　電波型式の表記

記号	意　味
A	振幅変調 両側波帯
F	角度変調 周波数（周波数変調）
1	副搬送波を使用しない デジタル信号である単一チャンネル
2	副搬送波を使用する デジタル信号である単一チャンネル
3	アナログ信号の単一チャンネル
D	振幅変調および角度変調であって同時にまたは一定の順序で変調するもの（データ伝送、遠隔測定または遠隔指令）

以上のように、ラジコン用発振器の変調方式は、**振幅変調（AM）**と**周波数変調（FM）**の 2 種類が認められています。またラジコン用発振器は、デジタル変調された制御信号で主搬送波を変調しており、変調する信号の変換方式としては、**PPM**（Pulse Phase Modulation：**パルス位相変調**）と **PCM**（Pulse Code Modulation：**パルス符号変調**）の 2 種類が用いられています。

3-12 マイクロ波で加熱する ＜電子レンジ＞

●マイクロ波で加熱する

電子レンジは、英語で**マイクロウェーブ・オーブン**（microwave oven）といわれるように、**マイクロ波**を使った**加熱調理器**です。加熱室の上部に加熱用の管があるタイプは、電熱調理器を兼ねているもので、これは電気を通してジュール熱を利用しています（図 3-12-1）。

図 3-12-1　電子レンジの構造

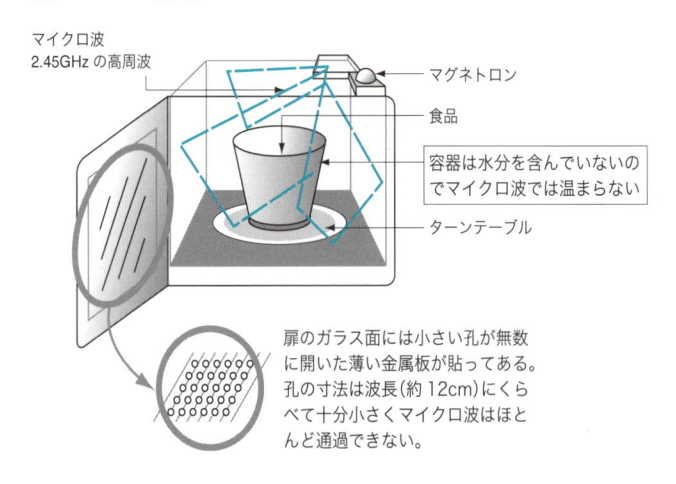

- マイクロ波 2.45GHz の高周波
- マグネトロン
- 食品
- 容器は水分を含んでいないのでマイクロ波では温まらない
- ターンテーブル
- 扉のガラス面には小さい孔が無数に開いた薄い金属板が貼ってある。孔の寸法は波長（約 12cm）にくらべて十分小さくマイクロ波はほとんど通過できない。

調理しようとする食品を電子レンジに入れて動作させると、**マグネトロン**（図 3-12-2）が発生する **2.45GHz**（ギガヘルツ）のマイクロ波を加熱室内に放射します。マイクロ波は、周波数が高い（高周波）電波で、ターンテーブルの上に置いた食品に、この電気のエネルギーが集まるような構造になっています。

水分子は極性を持ちますが、強い電界によって水の分子の集まりに**分極**が生じます（**配向分極**）。マイクロ波の周波数で電界が変化すると、水の分極が遅れて変化し、このため電界のエネルギーが最終的に熱エネルギーに変換されて発熱します。

●陶器は加熱されない

電子レンジは、食品自体から熱を発生させて加熱するのですが、食品を乗せる皿は熱くなりません。これは陶器やガラスの内部は水分をあまり含んでいないからで、マイクロ波を照射しても、あまり熱くなりません。

図 3-12-2　マグネトロン

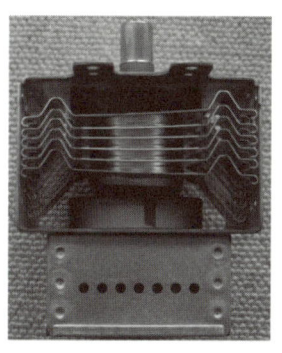

●金属は使えない

ガラスのコップなどでも、金属メッキの模様があると、調理中に放電が起きることがあります。また金属製の皿などは調理には使えません。これは、金属がマイクロ波の電波を反射して、電気エネルギーが一部に集中することで、放電現象を発生するからです。

●電子レンジのシミュレーション

図 3-12-3 は、コンピュータで計算するための電子レンジのモデルです。食品を入れる部屋の寸法は 35×32×26cm で、右下の開口部に導波管をつなげて励振しています。回転皿の上に置いたジャガイモは誘電体で、**比誘電率** 70、**導電率** 0.5 [S/m] に設定しています。

図 3-12-3　コンピュータで計算するための電子レンジのモデル

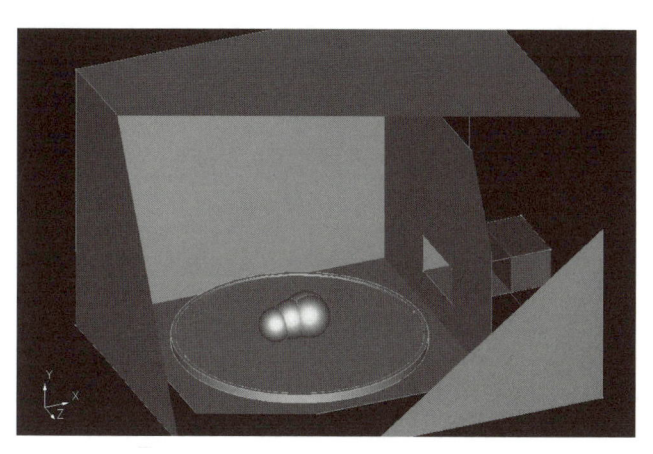

電子レンジは、無線 LAN や Bluetooth などで使われる **2.45GHz** の電磁波を使用しています。長年の使用でレンジのドアがゆるむと、わずかな隙間から電磁波が漏れることもあるでしょう。

筆者の部屋では、キッチンの近くにある無線 LAN 接続のプリンターが動作しているときに電子レンジで調理を始めると、印刷が急に遅くなります。

●電子レンジ内部の電磁界分布

図 3-12-4 は、電子レンジの部屋を構成する壁表面の電流分布の RMS（実効値）表示です（電子レンジの中央を通る平面から奥側の空間）。

磁界ベクトルは金属の壁面に平行で、強い磁界が集中するほど誘導される表面電流は強いと考えられます。周波数は 2.45GHz で、部屋の上部に表面電流が弱い場所もあって、分布にはムラがあることがわかります。また皿の近くは**表面電流**が強いので、調理には都合がよいようです。

図 3-12-4　電子レンジの部屋を構成する壁表面の電流分布の RMS（実効値）表示

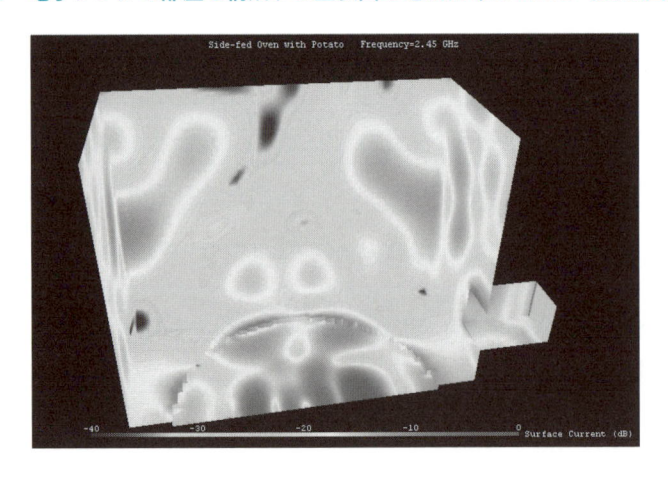

図 3-12-5 は、電子レンジの皿にジャガイモを置いたモデルです。ジャガイモの中央を通る断面における**電界強度分布**の RMS（実効値）を表示しており、比誘電率を 70 で設定したジャガイモの内部にも強い電界が認められます。しかし細かい強弱のムラも発生しているので、平均的に加熱するためには、皿を回転するか電磁界の分布を乱すようなファンを設ける工夫が必要

になるでしょう。

　ここでジャガイモは均一な媒質としてモデリングしています。しかし比誘電率が 70 と大きいので、**波長短縮率**は 0.1 近くなり、10cm ほどのジャガイモの中には 2.45GHz の電磁波が何波長分か分布し、図 3-12-5 のような模様が現れると考えられます（波長短縮については第 4 章を参照）。

　図 3-12-6 は**エネルギー密度**［J/m^3］の時間平均を表示したもので、ジャガイモの内部に集中している様子がわかります。

図 3-12-5　電界強度分布の RMS 実効値表示

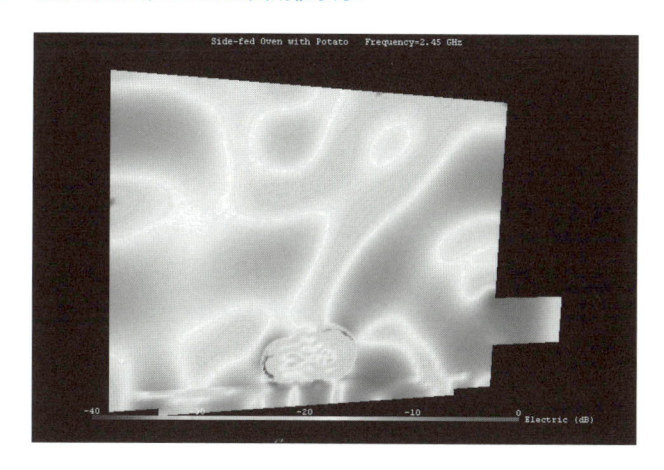

図 3-12-6　エネルギー密度の時間平均

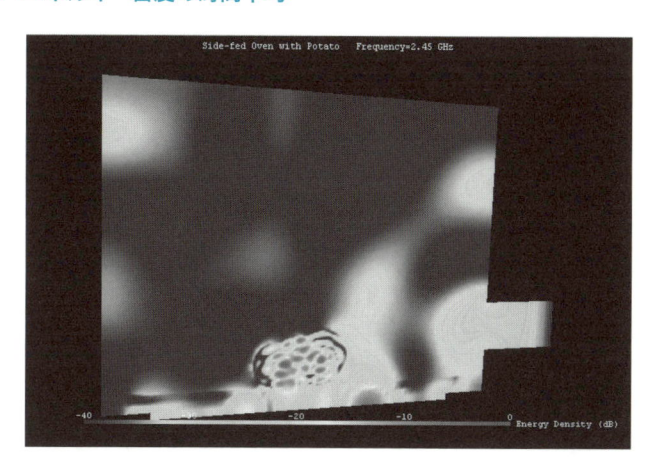

3-13 ワイヤレスLAN

●ワイヤレスとは

ワイヤレス（wireless）とは、文字どおりには「線がない」すなわち「無線」という意味です。イーサネット・ケーブルによる LAN は、より高速の通信ができるように発展してきましたが、コンピュータの台数が増えるとケーブルの数も増えるので、オフィスが電線だらけになってしまいます。そこで、完全なワイヤレスのオフィスにできたら、さぞかしすっきりするだろうと思います。

通信速度は有線には及びませんが、それぞれのパソコンを無線通信させることで LAN を構成するのが**ワイヤレス LAN** あるいは**無線 LAN** です。

通信の方式は、ワイヤレス LAN では **CSMA/CA**（Carrier Sense Multiple Access with Collision Avoidance）を採用しています。また有線 LAN では、**CSMA/CD**（Carrier Sense Multiple Access with Collision Detection）です。

有線では、データを送る前の**パケットの衝突**チェックは、反射する搬送波（carrier）で感知しますが、無線の場合は反射による搬送波を感知するのは困難です。そこで、つねに電波を受信して、いま電波が他から送信されているか、あるいは自分宛に送られているかを監視して衝突を避ける（avoidance）方法をとります。これらはよく似ている方式なので、基本的には伝送の経路が「電線」あるいは「空間」という点だけが異なると考えられます。

●ワイヤレス LAN の電磁波

電波を使うワイヤレス LAN は、2.4GHz 帯では最大 11Mbps あるいは 54Mbps、5GHz 帯でも最大 54Mbps の通信速度が得られます。また、電波ではなく**赤外線**を使った無線 LAN の規格もあります。

赤外線を使うネットワーク接続は、屋外用と屋内用の 2 種類があります。

屋内で利用する場合、パソコン対パソコン、あるいはパソコンと周辺機器をつないで、天井に中継器を設置して、複数台のパソコンで無線 LAN を構成することもできます。通信速度は数十〜数百 Mbps と高速で、ビルの屋上などで使用する場合も、100Mbps 以上で屋外の遠距離をつなぐことができます。

市販されているワイヤレス LAN の装置には、**WiFi** というロゴマークが付いています。これは Wi-Fi Alliance という業界団体が認定した機器で、ワイヤレス LAN 機器の相互接続を認定しています。

ワイヤレス LAN の電波は広範囲に届くので、通信内容を盗聴される恐れがあります。**WEP**(ウェップ)は無線通信の**暗号化**技術で、パケットを暗号化して、傍受されても解読できないようにして、有線通信と同様の**セキュリティ**を確保しています。

ワイヤレス LAN や **Bluetooth** などのアクセスポイント（図 3-13-1）を設置して、インターネット接続サービスを提供している場所のことを**ホットスポット**と呼んでいます。**プロバイダ**が有料で提供する場合や、飲食店などが利用客に無料で提供する場合もあり、不特定多数の使用者に向けたサービスは、WEP などの暗号化がない場合が多いので、セキュリティは自己責任で利用しましょう。

図 3-13-1　アクセスポイントの例
（BUFFALO AirStation Pro）

● CSMA/CA 方式

CSMA/CA は、ワイヤレス LAN 用の規格である **IEEE802.11a** や **IEEE802.11b**、**IEEE802.11g** において、基本的な**通信手順**（**通信プロトコル**）として使われています。有線 LAN の CSMA/CD においては送信中に**衝突**（**collision**）を検出し、もし検出したら即座に通信を中止し待ち時間を挿入するのに対し、ワイヤレス LAN の CSMA/CA は送信の前に待ち時間を毎回挿入する点が異なります。無線通信など、信頼できる衝突検出の手段がない伝送路では、CSMA/CA が使用されています。

3-14 電波時計

●電波腕時計のアンテナ

　図 3-14-1 は、筆者がかつて購入した**電波腕時計**の内部です。左側にある細い棒は、よく見ると極めて細いエナメル線が密巻きされています。

　巻始めと巻き終わりの線をたどると、基板にハンダ付けされているところで微細なチップコンデンサが並列に接続されているようです。これらは電気回路としては**並列 LC 共振器**ですから、特定の共振周波数で動作させるように設計されています。

図 3-14-1　電波腕時計の内部（カシオ計算機）

　この電波時計の取扱説明書には、「正確な時刻情報（日本標準時）を受信することにより、正しい時刻を表示する時計です。本機は、**長波標準電波 JJY**（40kHz）を受信します。」と書かれています。

　図 3-14-2 は**電波時計**の製作キットです。基板の上部にあるコイルで JJY の電波を受信しますが、拡大写真からわかるように、円柱のフェライトバーに極細のエナメル線が何百回と巻かれています。

図 3-14-2　電波時計の製作キット（秋月電子通商 トライステート製キット）

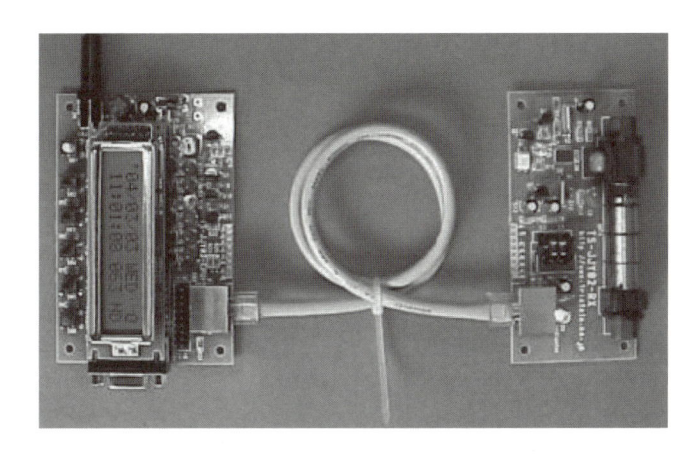

●受信コイルはアンテナなのか？

コイルに電流を流すと、図 3-14-3 に示すような**磁力線**がコイルのまわりに発生しますが、磁力線の向きは図 3-14-3 のように**アンペアの右ネジの法則**に従います。

図 3-14-3　コイルのまわりの磁力線

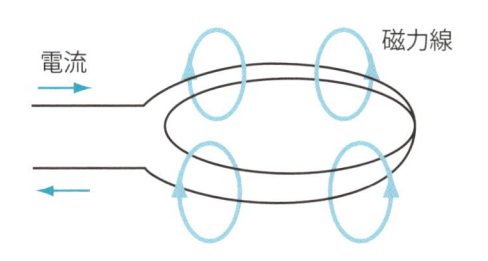

図 3-14-1 や図 3-14-2 のコイルは、**フェライトバー**を芯にして電線を巻いています。フェライトは**磁性材**なので、巻き付けたコイルのまわりに強い磁界が集中します。

JJY から届く電波を受信するときには、電磁波の磁気エネルギーをコイルに引き込むことで時刻信号が受信できます。これは**ファラデーの電磁誘導**による起電力ですから、交流の磁界すなわち電磁波の磁界を検出するアンテナとして働くことがわかります。微小ループは磁界を検出するので、磁界検出型

アンテナとも呼ばれています。

●送信アンテナ

　JJYの標準電波局は、独立行政法人 情報通信研究機構（NICT）の送信施設である福島県大鷹鳥谷山にある地上高250mのアンテナからは40kHz、また佐賀県と福岡県境の羽金山の地上高200mのアンテナからは60kHzの2波が、それぞれ50kWで送信されています。

　40kHzの電波の波長は7.5kmもありますから、1/4波長の接地型アンテナでも約1.9km長です。**JJYのアンテナ**は、図3-14-4のような傘形の容量（キャパシタンス）を装荷した小型化アンテナで、大地との間に給電する接地タイプです。

図3-14-4　ＪＪＹの送信アンテナ

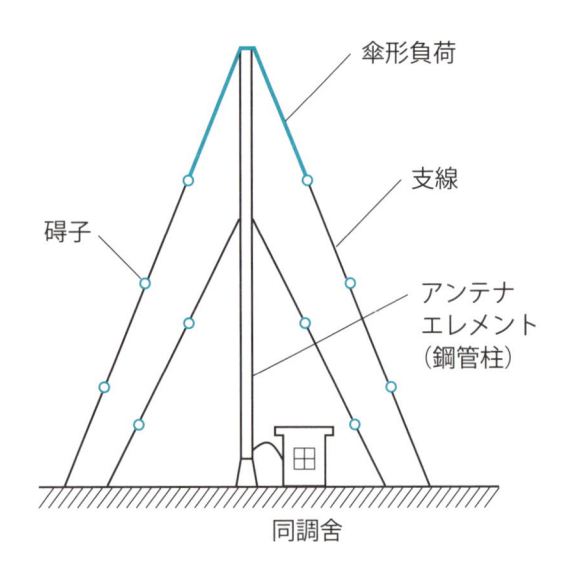

3-15 地震予知と電磁波

●地震による放電現象か？

2011年3月11日14時46分、三陸沖でマグニチュード9.0の地震が発生しました。筆者らは東京都大田区在住で、集合住宅の3階は机の下に避難するほどゆれました。

その後、何度も大きな余震が多発していましたが、どこかでパチパチッと放電の音が繰り返されています。場所がわからないまま、パソコンや家電の電源プラグを抜いても放電音は止まりません。よく調べるとパソコンの上に置いた無線機のゴム足付近で強烈な**放電現象**を発見しました（図3-15-1）。

図3-15-1 地震による放電現象か？

その時、とっさにデジタルカメラで動画を撮りましたが、平均して3～4秒に1回の割合で放電していました（動画については、http://www.cqpub.co.jp/cqham/cqhamwww/2011/cq2011_5/index05.htm）。

図3-15-2は、放電の元である**電荷**を無線機まで引き込んだベランダアンテナの構成図です。

図 3-15-2　放電現象を引き起こしたベランダアンテナ

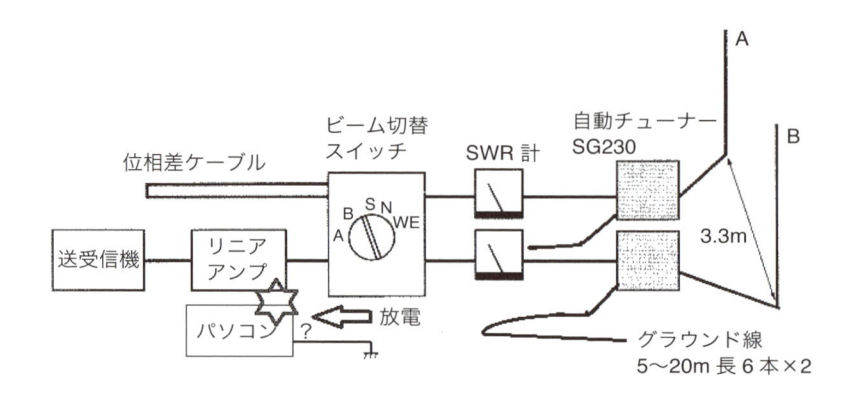

●放電のしくみ

　ベランダのアンテナは、約7m長の2本のグラスファイバー製釣り竿に電線を通して、根元の自動チューナーで調整しています。2本の同軸ケーブルの長さは約10mで、無線機の直前で位相差給電しています。ベランダの床には、グラウンドの役割として使う電線が何本もはい回っており、大地に分布した静電気を拾いやすい構造なのかもしれません（図3-15-3）。

　パソコンの電源プラグは抜いていたのですが、パソコン系の**アース**は、液晶モニターを経由して、そのコンセントのコールド側から大地に落ちていたようです。一方、無線機系のアースは、電源プラグを抜いていたのでベランダのグラウンド線でした。

　このように、パソコン系と無線機系のアースが別々の場所に落ちていたと考えれば、地面の応力歪で発生する圧電効果の影響が、これらのアース線を伝わり、無線系とパソコン系の間のギャップで**放電**したのだと考えられます。ゴム足は黒色でカーボンブラックが含まれているので完全な絶縁体ではなく、ゴム足のギャップが放電しやすい条件を満たしていたのかもしれません。

●地震と圧電現象

　1995年の阪神・淡路大震災では、地下の岩盤が圧電現象を起こして、発光現象が観測されたそうです。これは、地下の岩盤に大きな力が加わること

図 3-15-3　ベランダの縁から突き出した複数のラジアル線

オートチューナーの GND 端子から左右に伸び、その先でコの字形に曲がり、ベランダをはい回っている。

で電気分極が生じて高い電圧が発生し、大量の電荷が一気に放電することによって発生すると考えられるそうですが、明らかではありません。

　圧電現象が発生して岩盤に強い電流が流れると、やがて**火花**（パルス性ノイズ）を発生して広帯域の**電磁波**を放射します。そこで、この電磁波を**地震の前兆現象**としていち早く受信し、予知に活かそうとする研究が進められています。

　地震の前に、震源地付近から発生する電波を観測する実験が行われていますが、受信した電波は雷からのノイズと区別するのが難しいのだそうです。2001 年 3 月に発生した芸予地震では、広島工業大学によって **VHF 帯**（30〜300MHz）の電磁波が確認されました。

　広島市内で、地震の 1 日前から直後までの間、VHF 帯の電波の強度が不規則にゆらぐ信号が記録されました。しかし震源地に近い観測点では、この電波は記録されていません。原因はわかっていませんが、電磁波が発生する場所と地上に放射される場所は異なるのか、あるいは電磁波が発生するのは震源地ではなく、別の所になるのか、未だ解明はされていません。

●電離層の異常

　北海道大学理学研究院の日置幸介教授（地球惑星物理学）は、東日本大震災発生の40分前に、震源地上空の**電離層**の電子量に異常があったことを発表しました。日置教授によると、地震の後に大気中の電子の量が変動する事実は知られていたのだそうです。しかし今回の震災では、地震の前にも電子量が変動することが明らかになったということです。

　2010年にも多発したスマトラ沖地震など、過去の大地震の前にも同様な現象が確認されているので、地震予知に役立つ可能性が期待されています。

❗ 地震雲

　地震の前兆現象として「地震雲」が確認されることがあるそうです。地震によると思われる放電現象を撮影中に外を見ると、かなり低い位置に不気味な黒い雲が垂れ込めていました（写真）。

　グラフィックデザイナーの横尾忠則氏は、東日本大震災の当日、車で移動中の14時20分頃に2、3分間地震雲を目撃したとツイートしています。地震雲の発生メカニズムははっきりしていないそうですが、私がキャッチした放電は、ベランダのアンテナが、低い雲や空間にたっぷり帯電している電荷の一部を徐々に取り込んで起きたのかもしれません。

地震雲か？　不気味な黒い雲が垂れ込めていた

3-16 電波利用に関する制度

●無線局機器に関する基準認証制度－技術基準適合証明制度

「技術基準適合証明又は工事設計認証」は、携帯電話端末、PHS 端末などの小規模な無線局に使用するための無線設備（**特定無線設備**）について、**電波法**に定める技術基準に適合していると認められるものである場合、その旨を無線設備1台ごとに証明又は無線設備のタイプ（正確には「工事設計」と呼ぶ）ごとに認証する制度です。

技術基準適合自己確認は、特定無線設備のうち、妨害等を与えるおそれが少ない無線設備（特別特定無線設備）について、電波法に定める技術基準に適合していることを自ら確認する制度です。**技適マーク**が付いた無線機器は、無線局の免許を受けないで使用できます。

図 3-16-1　技適マーク

●無線従事者制度

電波法で**無線従事者**とは、無線設備の操作またはその監督を行う者で、総務大臣の免許を受けた者です。国家試験合格や総務大臣認定の養成課程を修了することで無線従事者の免許を受けられます。

●電波利用料制度

電波利用料は、電波の適正な利用を確保するため、行政機関が無線局の免許人から徴収する料金です。放送局をはじめ、**アマチュア無線局**も納めています。

●電波伝搬障害防止制度

電波伝搬障害防止制度は、重要無線通信を行う無線回線が高層建築物等の建築によって遮断されるのを未然に防ぐことを目的としています。

また電波伝搬障害防止区域の指定は、890MHz 以上の周波数の電波による特定の固定地点間の無線通信を行うものを対象としています。

🔔 都市部の電波伝搬をシミュレーション

　図は都市部の建物をモデル化したものです。送信点から受信点へ何本もの線が出ていますが、これが電波の経路です。このソフトウェアは、構造計画研究所が開発した RapLab で、経路探索の手法は電波を光（電磁波）に見立てて**レイトレース法**を用いています。

　レイトレース法は光を追跡する手法で、コンピュータグラフィックスではよく利用されています。電波が直進するにあたって障害となる建物の面や角部により電波の進路を計算しますが、電波は建物の面では反射、透過を、また建物の角部では回折しています。

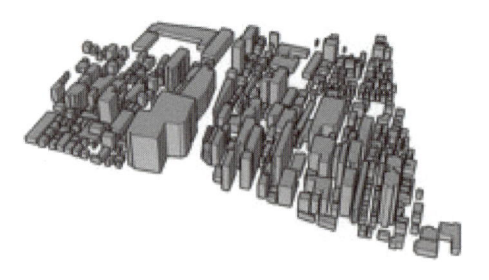

　図のように、建物や屋内のモデルに送信機や受信機を設置して、電波の経路をシミュレーションすることで、電波を可視化して経路がわかり、最終的な受信点における伝搬損失、**受信レベル**がわかります。また、反射や回折などの経路の詳細もわかります。

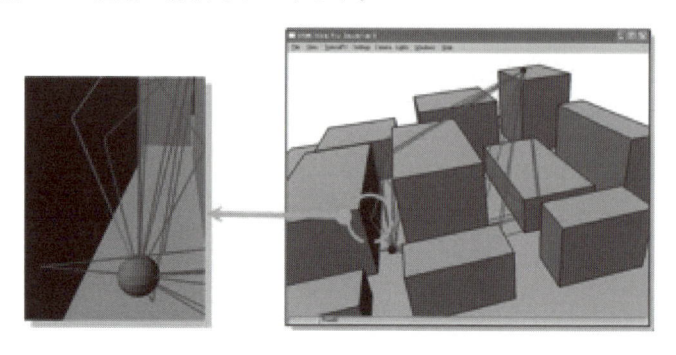

第 **4** 章

アンテナの
基礎知識

　電波はアンテナから空間へ旅立ちます。空間を自由に飛び回る電波は実に不思議ですが、電波を送受信するアンテナも不思議の宝庫です。アンテナのしくみはだれが発明してどんな特性が得られるのか？　本章では、アンテナの基礎知識を学びます。

4-1 アンテナの原理

●アンテナとは

　アンテナは電波を送信または受信する装置ですが、昆虫の**触角**という意味もあります。昆虫の受信アンテナ（触角）は、頭部にある細長い感覚器ですが、直接触れることで食物を探します。

　しかし、2本の触覚は嗅覚器でもあるので、空間に漂う臭いを吸い込む**ダイポール・アンテナ**のようです。

　一方、電波を吸い込むダイポール・アンテナの形状は、細い金属棒が対になっているので、微弱な電波を捕らえるための触角ともいえます。材料は細いパイプや導線など、電流が流れやすい良導体で作られます。

図 4-1-1　アリの触覚

図 4-1-2　FM用の受信アンテナ（マスプロ電工）

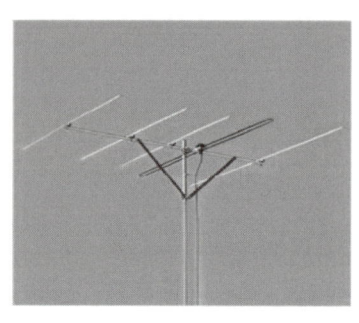

●身近なアンテナ

　携帯のアンテナは内蔵されているので、姿が見えるのはテレビやFMの受信アンテナが身近な例です。これらはエレメント（素子）が何本もあるので、ダイポール・アンテナとは異なるように思われるでしょう。

　図4-1-2はFM用の受信アンテナです。よく見ると配線がつながっているエレメントは1本だけなので、これらはやはりダイポール・アンテナがベースになっています。

●受信アンテナは電波の掃除機？

図 4-1-3 は、ダイポール・アンテナの実効面積 Ae を説明しています。ここで**実効面積**とは「**受信アンテナ**から取り出しうる最大電力が、アンテナの周りのある面積に達する電波の電力に等しいとき、その断面積をいう」と定義されています。もう少しわかりやすくいえば「空間を伝わる電波のエネルギーをどれだけ受信できるかを面積で表したもの」といえます。

図 4-1-3　ダイポール・アンテナの実効面積　λは波長を表す

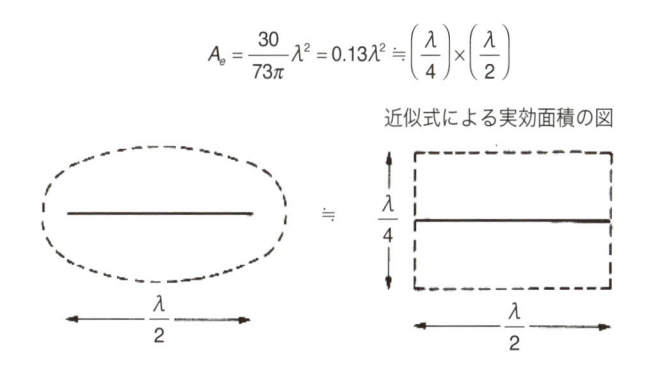

$$A_e = \frac{30}{73\pi}\lambda^2 = 0.13\lambda^2 \fallingdotseq \left(\frac{\lambda}{4}\right) \times \left(\frac{\lambda}{2}\right)$$

近似式による実効面積の図

同じ消費電力の空気清浄機でも、取り除けるハウスダストや臭気の量は製品によって異なり、それは空気清浄機本体の大きさには因らず、小型であっても大型と同等の吸引力の製品もあることを思い出します。

ダイポール・アンテナも、小型化した**微小ダイポール**があります。しかし実際に製作するためは整合回路が必要で、装荷するコイルや導体などにも損失があります。このため一般に放射効率は低下しますが、損失を含まない理論値によれば、微小ダイポールの実効面積は、図 4-1-4 に示すように 1/2 λ（半波長）ダイポールの約 91% と、意外にも両者の違いはわずかです。

共振するアンテナは、外形寸法が波長に比べて極めて小さくても、工夫しだいで実用的なものが作れるという意味なので、小型アンテナの設計は希望が持てるということになります。半波長ダイポール・アンテナの実効面積は 0.13 λ^2、微小ダイポールの理論値は 0.119 λ^2 で、両者の差はわずかです（Kraus 著 "ANTENNAS" による）。

図 4-1-4　微小ダイポールと微小ループの実効面積（理論値）

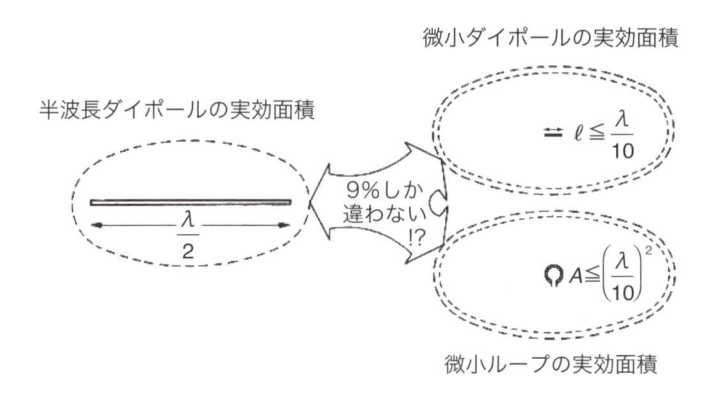

半波長ダイポールの実効面積　　　微小ダイポールの実効面積

9%しか違わない!?

$\ell \leqq \dfrac{\lambda}{10}$

$A \leqq \left(\dfrac{\lambda}{10}\right)^2$

微小ループの実効面積

● ダイポール・アンテナが電波をキャッチする瞬間

　水平に設置したダイポール・アンテナの左手前から、**水平偏波**の電波がアンテナに向かうようすをパソコンでシミュレーションしました。

図 4-1-5（a）　電波が左手前から中央の水平設置のダイポール・アンテナに近づいている

図 4-1-5（b） 電波がアンテナを通過した直後 エレメントのまわりの電界が強くなりかけている

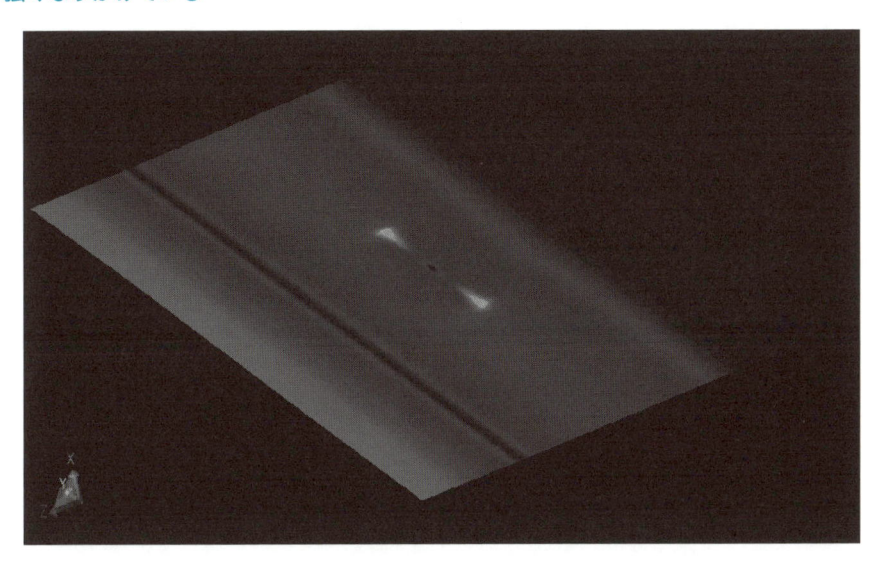

図 4-1-5（c） 電波がアンテナを通り過ぎて、さらに先まで到達したときの電界強度分布

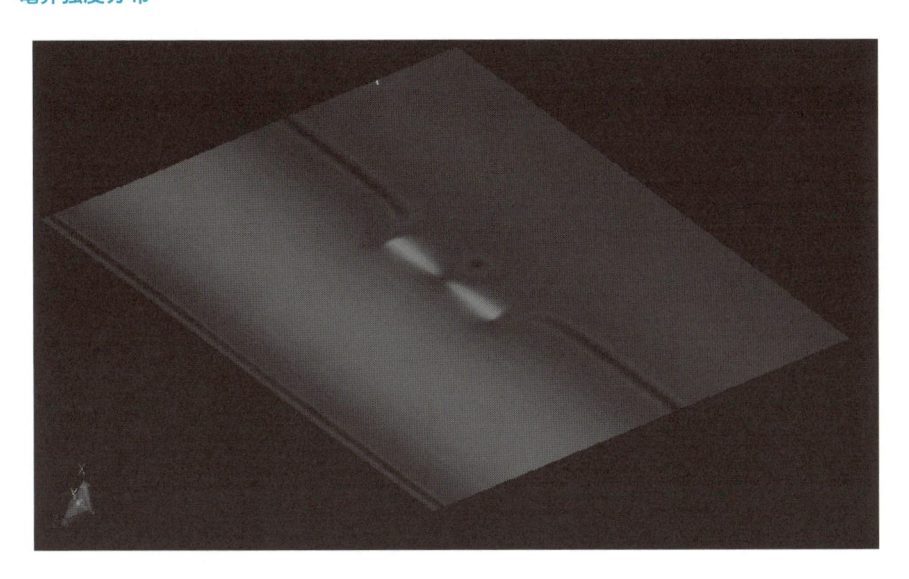

図 4-1-5（d） アンテナのまわりの電界が強くなり、電波のエネルギーをキャッチしているようす

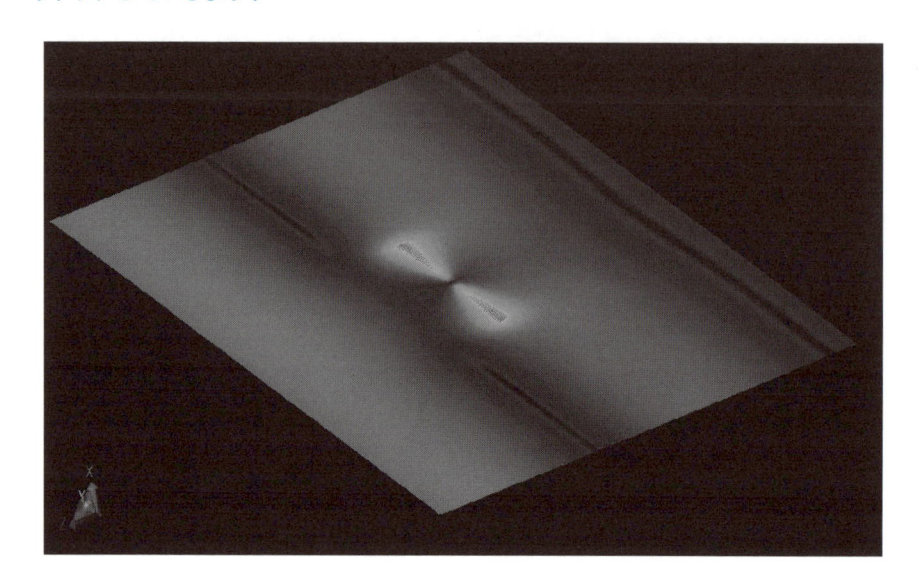

電界の表示はエレメントを含む 1 平面だけですが、電波は空間全体を移動しています。**垂直偏波**では、アンテナを通過しても電波をキャッチできないので、電界は素通りしてしまいます（画像は省略。**XFdtd** を使用）。

● 送信アンテナは

送信しているダイポール・アンテナも共振しています。**共振**とは「電気エネルギーと磁気エネルギーが交互にキャッチボールを繰り返す現象」なので、アンテナの近傍に発生する電界と**磁界**の**位相**は 90° ずれています（第 2 章）。

このように、アンテナの近くでは**電気エネルギー**と**磁気エネルギー**が交替しながら電力を蓄えていますが、図 4-1-6 に示すように、アンテナから少し離れた空間で電気力線がちぎれて**ループ状**なります。そして、それらはつぎつぎにできる新たなループに押し出されて、電界が空間を移動します。

一方、磁力線は図 4-1-7 に示すように、もともとループ状に広がっているので、電界と磁界、すなわち電力が遠方へ旅立つことになるのです。

図 4-1-6　アンテナから少し離れた位置で電波が旅立つ。電気力線の変化

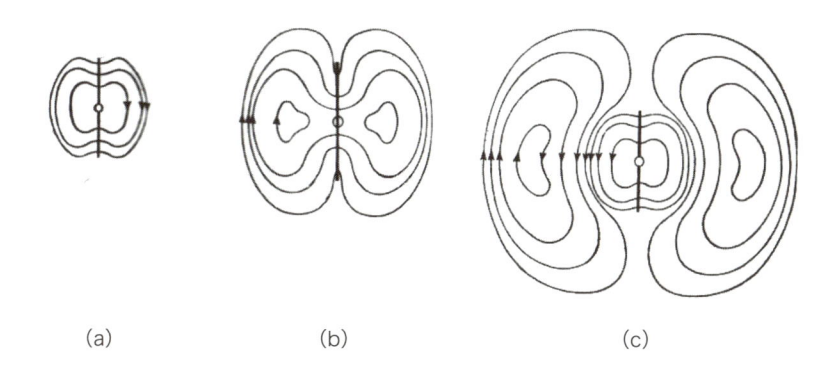

(a)　　　　　　　　(b)　　　　　　　　(c)

図 4-1-7　ダイポール・アンテナの周りの磁界ベクトル（磁力線）のようす

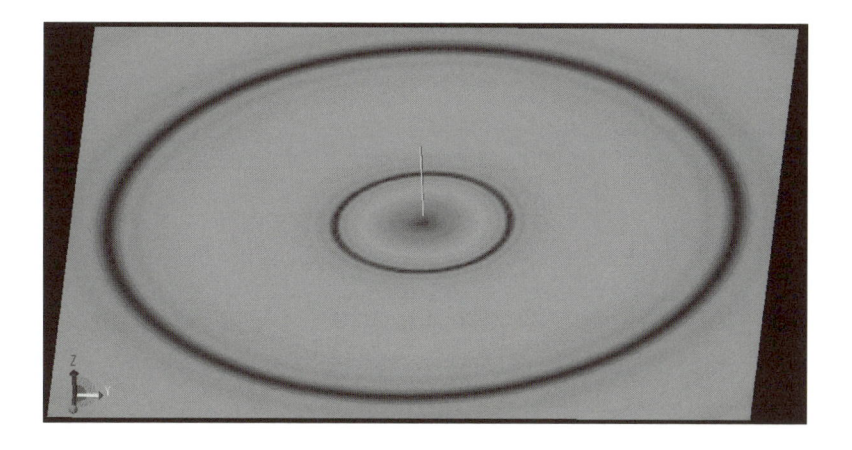

4-2 アンテナのしくみ

●非接地系のアンテナ

図4-2-1は**ヘルツ**のアイデアから始まるアンテナです。**マルコーニ**のアンテナのような接地がないので、**非接地系のアンテナ**と呼ばれています。当初ヘルツは室内で実験していましたが、非接地系のアンテナも接地系と同様に遠くまで電波を届けられることがわかり、その後無線通信や放送用のアンテナとして、世界中で使われています。

図4-2-1 非接地系アンテナの変遷

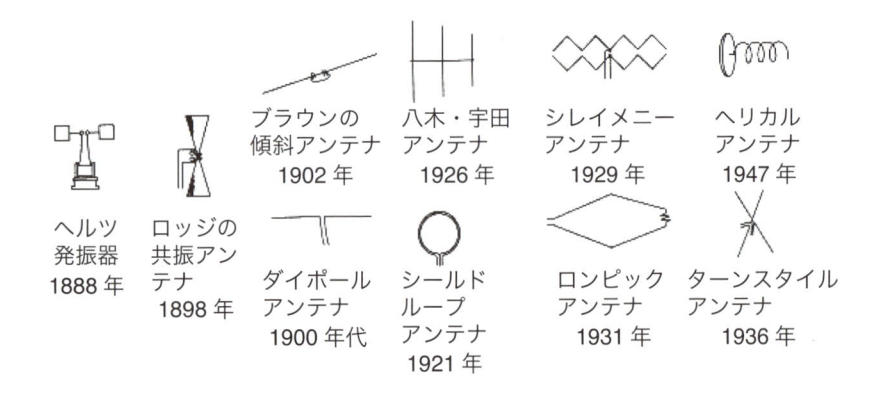

ヘルツ発振器 1888年
ロッジの共振アンテナ 1898年
ブラウンの傾斜アンテナ 1902年
ダイポールアンテナ 1900年代
八木・宇田アンテナ 1926年
シールドループアンテナ 1921年
シレイメニーアンテナ 1929年
ロンピックアンテナ 1931年
ヘリカルアンテナ 1947年
ターンスタイルアンテナ 1936年

●共振型のアンテナ

第1章1-2節で学んだヘルツの発振器は、ヘルツダイポール・アンテナとも呼ばれており、いわばアンテナの元祖です。

ヘルツのつぎに登場するのは、イギリスの物理学者オリバー・**ロッジ**(1851～1940年)の考案した**共振アンテナ**です(図4-2-2)。

ヘルツ発振器の金属平板(コンデンサーを形成)を円錐形にして中央にコイルを巻いた構造で、ヘルツが発見したようにコンデンサーの大きさやコイルの巻数を変えて共振周波数を調整できるようになっています。

図 4-2-2　ロッジの共振アンテナ

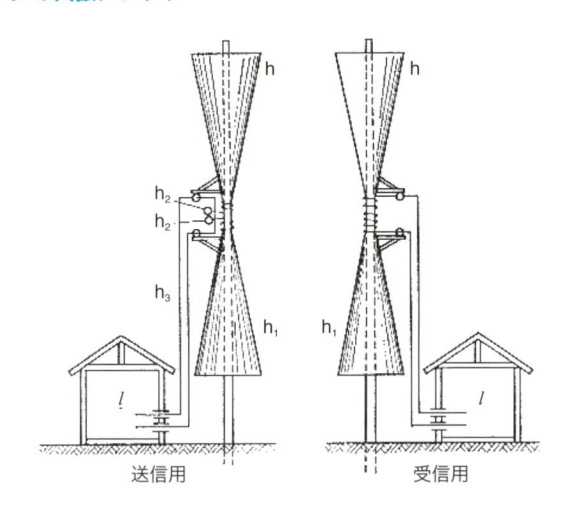

　ヘルツやロッジのアンテナは複雑な構造をしていますが、図 4-2-1 に示す 1900 年代の**ダイポール・アンテナ**は、ハリガネ 1 本に単純化されています。これはヘルツダイポールの両端にある金属板あるいは金属球をすっかり取り除いてしまった構造ですが、これでも遜色なく電波が送信・受信できることがわかったのです。

　これは目立たない発明ですが、すばらしいことです。電気の世界は、年々複雑な構造になっていくのが常識ですが、アンテナに関しては、これは不思議な変遷といえるでしょう。

　ハリガネ 1 本のアンテナは、だれが最初に作ったのかわかりませんが、ヘルツの実験では、図 4-2-3 のような両端に球体のないアンテナを使っていることがわかりました。

　これは、第 2 章 図 2-1-3 のヘルツの実験装置で、電波の偏波を調べる実験に使っています（ミュンヘンのドイツ博物館で筆者写す）。よく見ると、球体から伸びているのはハリガネというよりは太い円筒のようです。

　アンテナの背後にある放物線状に曲がった金属板は、反射器の役割をしていますから、このアンテナは、ハリガネに単純化されたダイポール・アンテナの元祖とはいえないようです。

図 4-2-3　ヘルツの実験装置（1888 年頃）

● 長い線のアンテナ

　ブラウン管の発明者、ドイツの物理学者**ブラウン**（1850 〜 1918 年）は、1902 年頃、図 4-2-1 の中ほどに描かれている**傾斜アンテナ**を考案しています。長い線の中央にはコイルとコンデンサーがあるので、やはり共振型のアンテナですが、指向性の強いアンテナの研究をしているときに、長い電線を斜めに設置することを思いついたのかもしれません。

　1926 年には、ハリガネのダイポール・アンテナに何本かハリガネを並べて強い指向性を実現した、有名な**八木・宇田アンテナ**が発明されていますから、この頃にハリガネ 1 本で作るアンテナが普及してきたのだと思います。

　さて、電波のもとはハリガネに流れる強い電流であることがわかってきました。図 4-2-4 は、長い線に流れる電流の一部を示していますが、一方向に流れる電流は、図に示すような**微小ダイポール**の連続で説明されます。

　電流は電荷の時間変化で発生しますが、この**電流の時間変化**は、図の右端に示すように、空間のすべての領域で**電界**として観測されます。そして、この電界の強さは電流の時間変化に比例しますから、一般に周波数が高くなるほど放射される電界が強くなります。

図 4-2-4　長い線に流れる電流による空間の電界

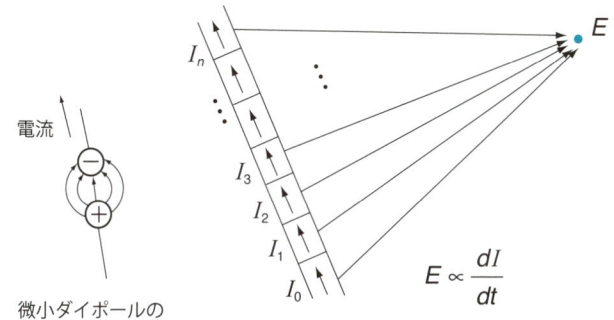

電流

微小ダイポールの電荷 q が励振される様子

$$I = \frac{dQ}{dt} = n\frac{dq}{dt}$$

空間で観測される電界 E と微小電流の連続

$$E \propto \frac{dI}{dt}$$

●マルコーニの逆 L アンテナ

　図 4-2-5 は、1905 年にマルコーニが考案した**逆 L 型フラットトップ・アンテナ**です（第 3 章 図 3-2-2　接地系アンテナの変遷）。このアンテナも、ブラウンの研究と同じように、指向性を得るために設計されましたが、ちょうどその頃、逆 L 形アンテナは指向性がないという理論があって、論争を巻き起こしたようです。

　マルコーニ社は、このアンテナの測定で指向性を確認しましたが、実はアンテナ自体が発現する指向性ではなく、大地の導電性が関係しているという結論に達したようです。

図 4-2-5　マルコーニが考案した逆 L 形フラットトップ・アンテナ（1905 年）

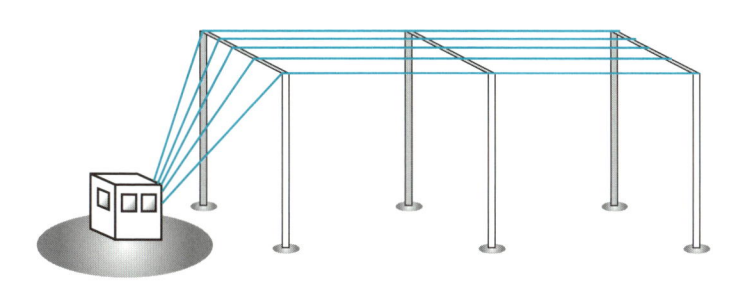

● ビバレージ・アンテナ

　図4-2-6は、**ビバレージ**が発明したアンテナで、アンテナ線の方向に指向性があります。導線は大地から少し離れていますが、地を這うアンテナです。

　構造は電気回路の基板で使うマイクロストリップ線路に似ています。そこで、伝送線路の終端抵抗と同じしくみで、アンテナの先端を**抵抗器**で終端すると、線に沿って進む波の成分が強くなって指向性が増し、不要電波を受信しにくくなるという特徴があります。

図 4-2-6　ビバレージが発明したビバレージ・アンテナ

> ❗ **BCL の神様が選んだビバレージ・アンテナ**
>
> 　筆者は中学生のころ、海外の短波放送受信（BCL：Broadcasting Listening）に夢中になりました。1970年前後が最盛期でしたが、初歩のラジオという雑誌に連載されていた故山田耕嗣氏のBCLコーナーを欠かさず読み、夜な夜な海外の珍しい放送局を追いかけました。社会人になってからはすっかり遠ざかっていましたが、2008年の訃報記事で、氏が500m長のビバレージ・アンテナで受信されていたことを知り、このアンテナの威力を再認識しました。
>
> 　ビバレージが1923年に実験したアンテナは、なんと9.6km長のエレメントを使って、導線の方向に指向性があることを発見しましたが、BCLの神様も、このアンテナのメリットを熟知されていたことでしょう。

4-3 アンテナの働き

●空間に電気を送り出す

　電気は電線を伝わります。電波は周波数の高い電気の波ですが、やはり電線を伝わります。金属でできている電線は電気のガイドラインともいえますから、電気の移動には必要不可欠なものと考えがちです。しかし、携帯やスマートフォンを使えば、電波はガイドラインのない空間に旅立ち、あるいは空間から飛び込んできますから不思議です。

　空間を伝わる電気は、電界と磁界が移動する**電磁波**（電波）をイメージすることで、なんとなくわかったような気がします。しかし電波は見えないので、電界と磁界も**バーチャル**な（仮想的）世界で活躍しているともいえます。

　本書では、**電磁界シミュレータ**というパソコンのプログラムが描いた図で説明しています。これはマクスウェルの方程式を使って電磁界を解きますが、図4-3-1は **TLM法**という手法のモデルです。空間に網目状の線路描いて、その**仮想線路**に伝わる電磁波を計算しています（**MicroStripes** を使用）。

図 4-3-1　TLM 法による空間の仮想線路（自動車のアンテナ解析モデル）

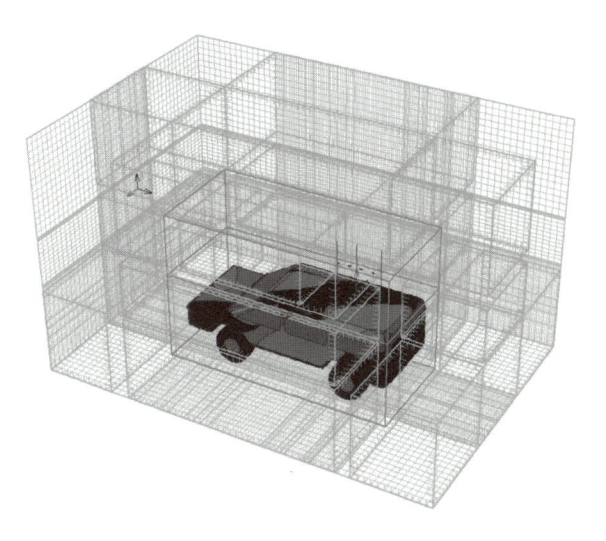

自動車の屋根には3本のエレメントを持つ送信アンテナが見えますが、給電点に図4-3-2のパルス波を加えると、エレメントを伝わって空間の**仮想線路**にも広がります。網目状の仮想線路は、x、y、z方向に広がっているので、第2章で学んだホイヘンスの2次波源が伝わる原理によって、電磁波は空間に旅立ちます。図4-3-3は横軸が周波数で、アンテナが共振している125MHz付近でアンテナに流れる電流が最も強いことがわかります。

　アンテナからの電磁波は車体にも伝わり、**磁力線**が金属表面に平行に走ることで、図4-3-4のような**誘導電流（渦電流）**が車体の表面に流れます。

図4-3-2　パルス波の時間軸応答

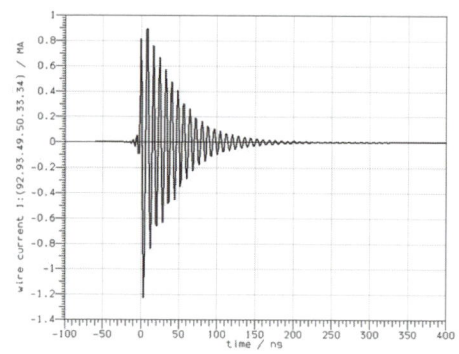

図4-3-3　アンテナ電流の周波数応答

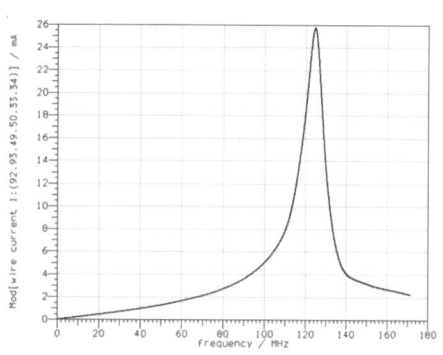

図4-3-4　125MHzにおける自動車の車体表面の電流分布

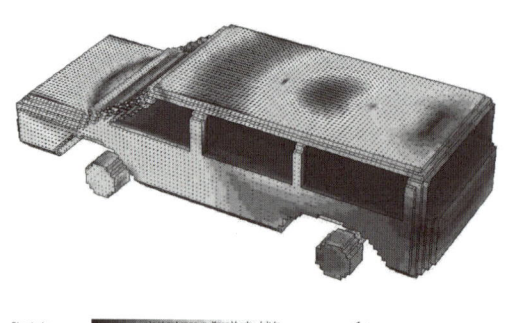

●空間のインピーダンスとは

　第2章で述べた平面波は、アンテナの遠方で観測される直交する電界と磁界が進む波です。電界［V/m］と磁界［A/m］を掛け算すると、**ポインティング・ベクトル**の単位は［W/m²］になります。

　ここで電界と磁界の比を考えると、単位は［Ω］になり、空間の観測点で得た電界と磁界の比を、**電波インピーダンス**（あるいは**波動インピーダンス**）と呼びます。直交する電界と磁界の大きさの比は、

$$\frac{E}{H} = \sqrt{\frac{\mu}{\varepsilon}} = \sqrt{\frac{\mu_r}{\varepsilon_r}}\sqrt{\frac{\mu_0}{\varepsilon_0}} = \sqrt{\frac{\mu_r}{\varepsilon_r}} \times 377 \qquad [\Omega]$$

　μ_r:**比透磁率**、ε_r:**比誘電率**、μ_0:**真空の透磁率**、ε_0:**真空の誘電率**

になります。空間の比誘電率と比透磁率は共に1ですから、図4-3-1の仮想線路は、インピーダンスが**377 Ω**の線路と考えられます。

　アンテナも、給電部付近の電界と磁界の値がわかれば、インピーダンスがわかります（ただしアンテナの場合は空間のように電界と磁界を使わなくても、アンテナに加えた電圧と電流がわかれば、その比率でわかる）。

図4-3-5　アンテナの周りの垂直方向の電界強度

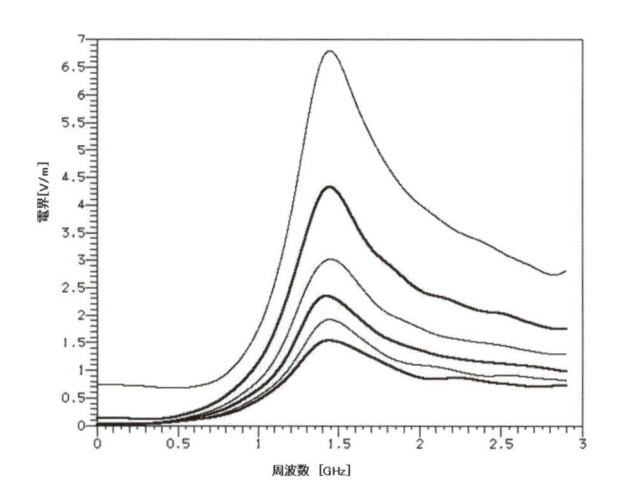

図 4-3-5（前ページ）は、長さが 0.1m の垂直**ダイポール・アンテナ**の周りで観測した垂直方向の電界強度のグラフです。また図 4-3-6 は、同じアンテナの水平方向の磁界強度のグラフです。

これらは、アンテナの中央から水平方向へ 50mm、100mm、150mm、200mm、250mm、300mm と離れた位置で観測された値です。1/2 波長が 0.1m なので、電界と磁界は共振周波数の 1.5GHz 付近で、ピークを示しているのがわかるでしょう（$3×10^8÷0.2 = 1.5GHz$）。

最もレベルが低いのは、アンテナから 300mm 離れた観測点の値で、電界は約 1.5 [V/m]、磁界は約 4 [mA/m] です。このとき電界と磁界の比、すなわち電波インピーダンスは約 375 Ω となって、理論値の 377 Ω に近い値です。

しかし、最もレベルが高いアンテナから 50mm 離れた観測点では、6.8 [V/m] ÷25.5 [A/m] = 267 Ω となり、377 Ω ではありません。他の位置でも計算すると、アンテナの近くでは、**電波インピーダンス**は一様ではないことがわかるでしょう。

図 4-3-6　アンテナの周りの水平方向の磁界強度

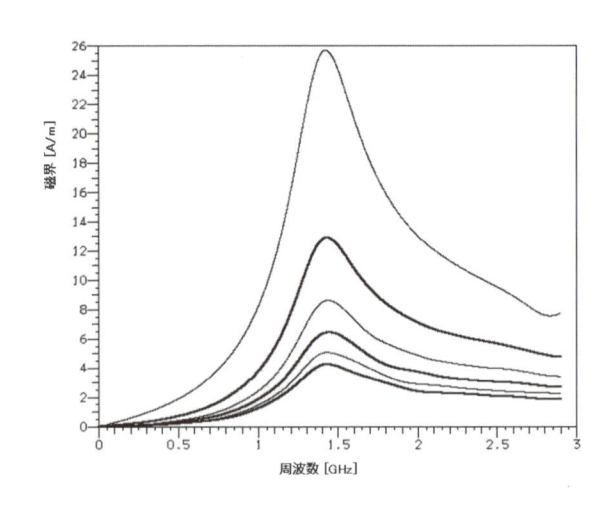

●アンテナの働きはインピーダンス変換器？

マイクロストリップ線路は、図 4-3-7 のような構造をしています。**誘電体**の下面は薄い銅板で、誘電体の上面には配線路があり、複数の線路に対する場合も、グラウンド導体は 1 枚で共有されています。

図 4-3-8 は、電磁波が伝わっている十分長いマイクロストリップ線路に直交する断面の電界と磁界ですが、線路とグラウンドの間に観測点を置いたときの電界と磁界の比は、この線路の**特性インピーダンス**を示します。それが 50 Ω であれば、終端抵抗を 50 Ω にすると電磁波は無反射になります。

同じように考えて、電波インピーダンス 377 Ω の空間に対して無反射にするためには、アンテナのインピーダンスを 377 Ω に設計すれば、アンテナに加えた電力はすべて放射されるのかと質問されることがあります。

しかし入力インピーダンスが 73 Ω の半波長ダイポール・アンテナでも、入力電力が問題なく放射されます。アンテナ近くの電波インピーダンスは複雑な分布で、わずか 1 波長程度遠ざかるだけで（自然に？）377 Ω になる…。アンテナの近くは実に不思議な世界です。

図 4-3-7　マイクロストリップ線路の構造

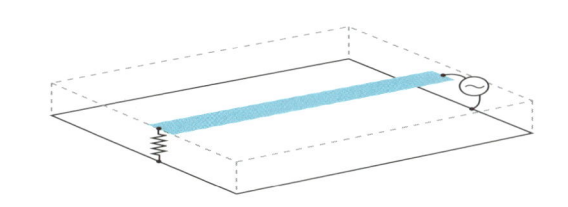

図 4-3-8　マイクロストリップ線路の周りにできる電界と磁界

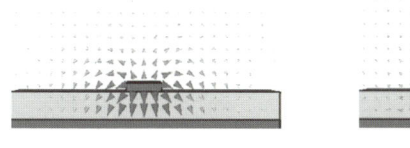

電界ベクトル　　　　　　　　磁界ベクトル

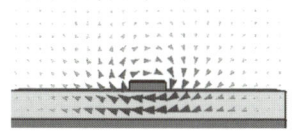

4-4 アンテナの種類と用途

●アンテナを分類する

1888年のヘルツの実験が元祖だとすれば、アンテナの歴史はわずか百数十年です。しかし、その間に世界で作られたアンテナは数えきれません。

ハリガネ・アンテナの形状を「イ、ロ、ハ、ニ…」と順に設計して、「ン」までチャレンジしたアマチュア無線家がいましたが、どんな形状でも電波は放射されることがわかったのだそうです。

そんな無数のアンテナを分類するのは無謀かもしれませんが、ここでは筆者が長年おつきあいしてきたアンテナをもとに、大胆な分類を試みます。

図4-4-1は、**電界検出型**のアンテナと**磁界検出型**のアンテナです。前者はハリガネのダイポール・アンテナで、ヘルツが意図したように両端間に電荷が分布する構造です。電気回路として見れば、先端が開放されている**オープン回路**です。

また、エレメントを短絡した**ショート回路**は、強い電流の周りに磁界が発生しますが、これが時間変化することで電界が生まれます。これだけでは共振しないので、コンデンサーを追加して所望の周波数で共振させます。

図4-4-1　電界検出型のアンテナ（左）と磁界検出型のアンテナ（右）

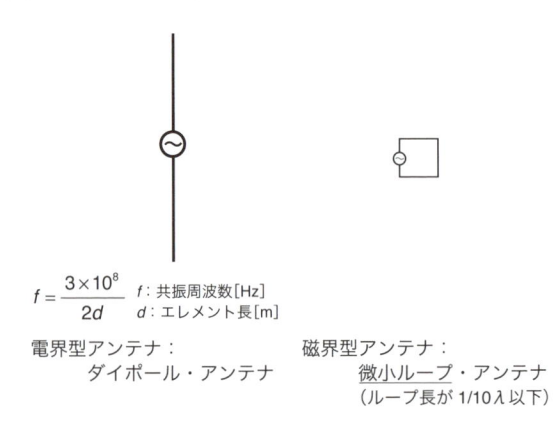

$$f = \frac{3 \times 10^8}{2d}$$

f：共振周波数[Hz]
d：エレメント長[m]

電界型アンテナ：
　　ダイポール・アンテナ

磁界型アンテナ：
　　微小ループ・アンテナ
　　（ループ長が1/10λ以下）

●アンテナの寸法

ダイポール・アンテナの寸法は1/2波長が基本です。そこで、動作周波数 f [Hz] からエレメントの長さ d [m] を計算する式はつぎのようになります。

$$d = \frac{3 \times 10^8}{2f} \quad [\text{m}]$$

エレメントは、小型化のために直角などに折り曲げることもできますが、基本的には動作周波数の波長に近い大きさになります。

磁界検出型のループアンテナは、**微小ループ**とも呼ばれるとおり、波長に比べて十分小さいアンテナです。身近な例では、図4-4-2の **IC カード**のアンテナ（5回巻きコイル）は、**13.56MHz** の波長22mに比べて、十分小さいループです。図4-4-3は、1回巻きループの周りの磁界を表しています。

図4-4-2　ICカードのアンテナ

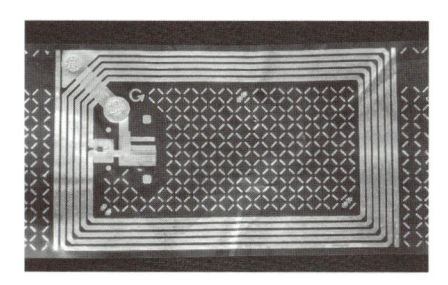

図4-4-3　1回巻き微小ループの周りの磁界ベクトル

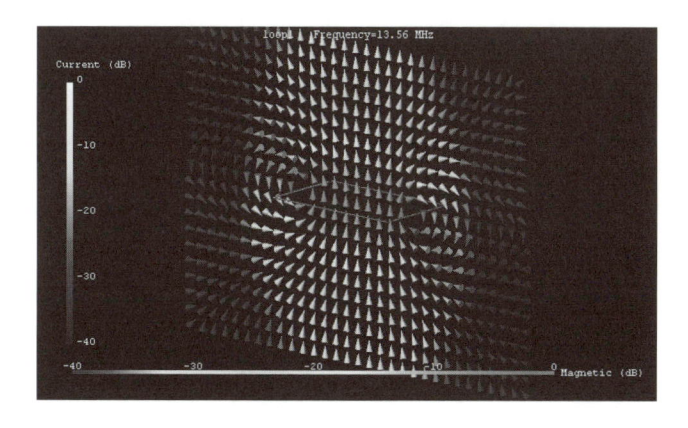

●共振しない？アンテナ

アンテナはすべて共振していると考えるかもしれません。一般には動作周波数が決まっているので、その周波数で共振させれば、最も強い電流が容易に得られて便利です。しかし、使用する電波の周波数に一定の幅がある場合には、1つの共振周波数からはずれてしまうこともあります。

図4-4-4は、平行線路の中央を外側へ引っぱって菱形にした線路です。線路長を波長の何倍かにすると、線路の途中から電波が放射され、合成された電波の放射は、図のように先端の終端抵抗へ向かう方向に強くなります。

先端の抵抗値は、菱形に広げる前の線路の**特性インピーダンス**に等しいときに無反射になるので、ほとんどの電力が途中で放射されれば、理論的には周波数に因らない**広帯域なアンテナ**が実現できます。

図4-4-4　平行線路を菱形にしたロンビック（菱形）・アンテナ

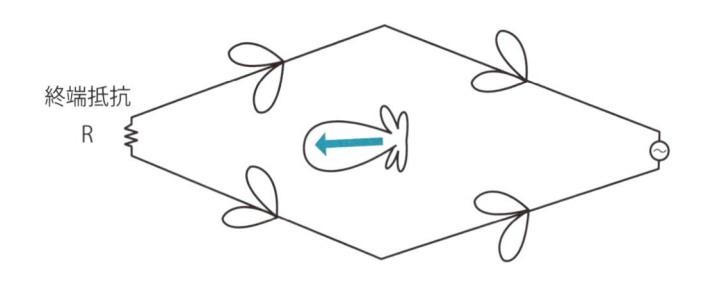

●進行波と反射波

図4-4-5は、線路を伝わる波を示しています。左側の縦列には点線で表した波が描かれていますが、左から右へ向かって進む波（⇒）を進行波、右から左へ向かって進む波（⇐）を反射波と仮定します。

(1)〜(12)は、それぞれの波が1/12波長だけ進んだ状態を順に描いていますが、**進行波**と**反射波**の合成した波を実線で示しています。(1)は互いに逆相なので合成するとゼロになりますが、(2)ではやや膨らんだ山になります。

これらの実線だけを(1)〜(12)の順に追って、その1/2波長部分だけを

右側の縦列に描き直していますが、これはちょうどギターの弦を爪弾いたとき、両端を固定した弦が上下に振動する様子と同じであることがわかります。

　ダイポール・アンテナの両端は開放なので、電流は必ず全反射して戻ってきます。そこでこのように、進行波と反射波の合成によって**定在波**が立つので、1/2波長のハリガネはギターの弦のように共鳴（共振）して、容易に強い電流を流すことができるのです。

図 4-4-5　進行波と反射波の合成によってできる定在波。

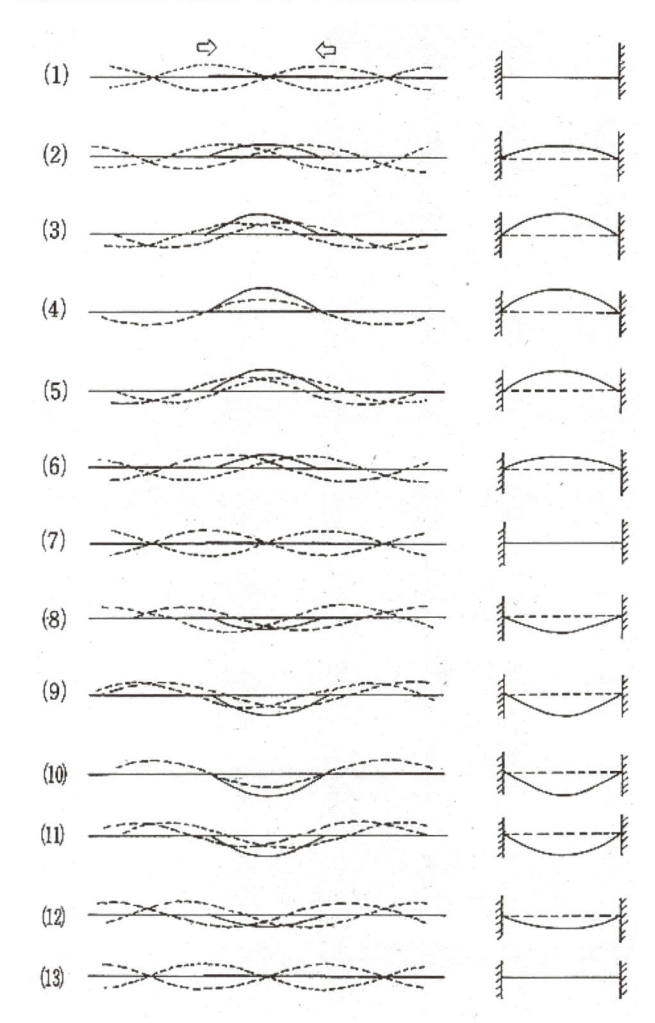

●アンテナの種類と用途

　電界検出型（以下**電界型**と略す）アンテナは、使用する周波数によって寸法が決まってしまうので、中波 AM 放送のアンテナは 1/4 波長エレメントの根元に給電して、もう一方は大地に接地して小型化を図っています。

　磁界検出型（**磁界型**）のアンテナは、波長に比べて十分小さい寸法にできるので、13.56MHz の **RFID タグ**（**無線タグ**）にも使われています。また、電波時計の時刻信号は 40kHz という低い周波数で、その波長は 7.5km もあります（表 4-4-1）。腕時計に内蔵されているアンテナは、超小型のコイルで、コンデンサーをつなぐことで **LC 共振回路**を構成しています。

　以上はいずれも共振型のアンテナですが、図 4-4-4 の**ロンビック (Rhombic) アンテナ**を始め、ラッパの形をした**ホーン・アンテナ**や、バネの形をした**ヘリカル・アンテナ**なども、**進行波**を押し出すタイプなので、広い帯域にわたって使用できます。

表 4-4-1　アンテナの種類と用途

種　類	特　徴	用　途
電界型アンテナ	1/2 波長共振がベース。 1/4 波長（接地型）も可。	・放送送信（中波は接地型） ・放送受信（八木アンテナ等） ・携帯電話（垂直ダイポール）
磁界型アンテナ	波長にくらべて極めて小さい寸法が可能。	・電波時計（40kHz、$\lambda = 7.5$km 等） ・キーレスエントリ（315MHz 等） ・RFID タグ（13.56MHz、$\lambda = 22$m 等）
共振系 （定在波アンテナ等）	1/2 波長共振がベース。帯域幅が限られる。 パッチアンテナ（MSA）やスロットアンテナは、薄型構造。	―
非共振系 （進行波アンテナ等）	共振を利用しないので広帯域（Rhombic、Herical 等） ホーンアンテナ（開口面アンテナ）は高利得。	―

4-5 アンテナの特性

アンテナを設計・開発すると、試作品が数多くできあがってしまいます。そこで、できあがった複数のアンテナを数値で評価するために、**アンテナの特性**を知って用途に応じて最適のアンテナを選べるようになりましょう。

●利得

一般に**利得**（**Gain**）といえば、オペアンプなどのゲインまたは増幅率を思い浮かべるかもしれません。半波長ダイポール・アンテナは 2.15 [dBi] のゲインがありますが、これは単なるハリガネなので、もちろん 1W 入力で 1.6W の電波が出るわけではありません。

ここで使っている dBi は**絶対利得**（**Absolute gain**）を表します。絶対利得（Ga）は、すべての方向に対して一様に電力を放射する仮想的なアンテナである**等方性**（isotropic）**アンテナ**に対する利得です。図 4-5-1 で Pd を半波長ダイポール・アンテナの放射電力、Pi を等方性アンテナの放射電力とすれば、これらの比を dB に変換したのが絶対利得です。電気の世界でよく使われる **dB**（**デシベル**）は、電力比の常用対数値（bel）の 10 倍（deci）で、例えば 3dB（$10 \times \log_{10} 2 = 3$）は電力比 2 を意味します。

図 4-5-1　半波長ダイポール・アンテナと等方性アンテナの放射電力

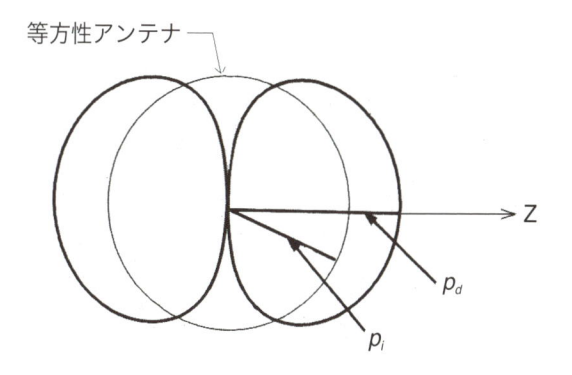

図4-5-2は3素子（エレメント）のYAGIアンテナの放射パターンです（森誠氏が作成したフリーソフト**MMANA**を使用）。ダイポール・アンテナに比べると片方向へ集中して放射されますが、理想的な半波長ダイポール・アンテナに対する利得を、**相対利得**（**Relative gain**）と呼んでいます。そこで相対利得（Gr）と絶対利得（Ga）の間には、つぎの関係が成り立ちます。

　Gr = Ga − 2.15dB

　これらの利得は電力利得といい、「与えられた空中線の入力部に供給される電力に対する、与えられた方向において、同一の距離で同一の電界を生ずるために、基準空中線と入力部で必要とする電力の比（電波法施行規則第2条の74）」と定義されます。

　また**電磁界シミュレーション**では、得られた放射パターンをもとに計算した利得は、「特定方向への電力密度と全放射電力を全方向について平均した値との比」で、その最大値を**指向性利得**（Directive gain）といいます。

　シミュレーションでは理想導体のアンテナをモデリングできますが、無損失のアンテナは、指向性利得（Gd）と絶対利得（Ga）が等しくなります。

図4-5-2　3素子のYAGIアンテナの放射パターン

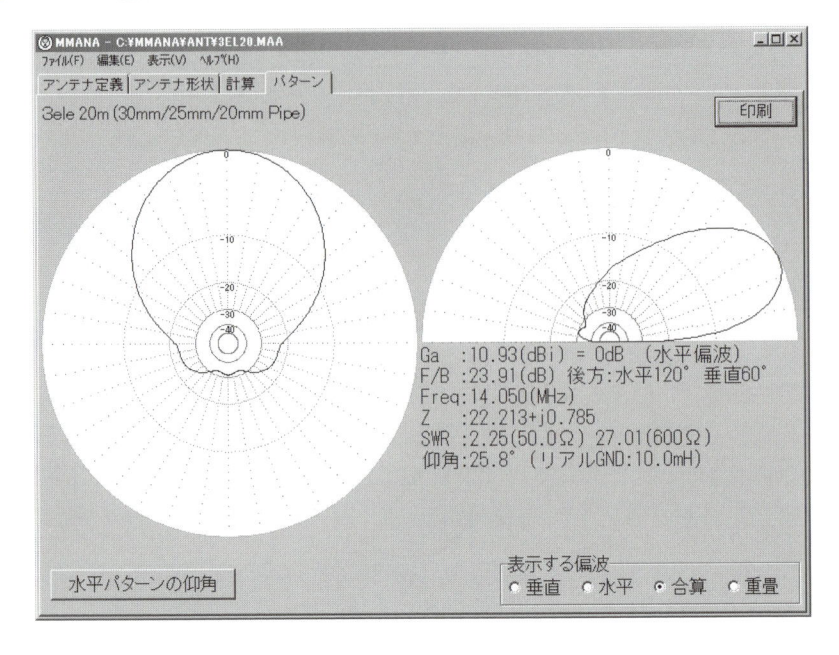

●放射効率

放射効率は文字通り放射の効率なので、つぎの式で表されます。

$$\eta = \frac{P_{rad}}{P_{in}} = \frac{R_{rad}}{R_{in}} = \frac{R_{rad}}{(R_{rad} + R_{lost})}$$

ここで P_{rad}：放射電力、P_{in}：入力電力、R_{rad}：放射抵抗、R_{in}：入力抵抗、R_{lost}：損失抵抗。放射効率はギリシャ文字の η（**イータ**）で表されることが多い。

式の**放射抵抗**の単位はΩですが、これはアンテナの金属によって決まる抵抗損（オーミックロス）の意味ではありません。電気回路に詳しい読者は、かえってわかりづらいかもしれませんが、放射抵抗 R_{rad} はつぎの式で定義されます。

$$R_{rad} = \frac{P_{rad}}{|I|^2} \quad \text{ここで } I \text{ はアンテナの給電点の電流。}$$

また、放射抵抗は、電磁界シミュレーションで**無損失材料**のアンテナ・モデルを作ったときに得られる**入力インピーダンス** R に相当します。そこで、実際のアンテナの入力抵抗 R_{in} は、放射抵抗 R_{rad} とアンテナ全体の**損失抵抗** R_{lost} の合計になります。

この損失抵抗は、アンテナの**導体抵抗**や**接地抵抗**、**誘電体損失**のことです。そこで、この式からわかるのは、放射抵抗の値を損失抵抗に比べて十分大きく設計すれば、放射効率を高くできるということです。

半波長ダイポール・アンテナの R_{rad} の理論値は 73 Ω なので、ハリガネで作っただけで極めて放射効率が高いアンテナができあがることがわかるでしょう。

例えば300mm長で金属の表面抵抗値が 0.05 Ω/m² のとき、シミュレーション結果は460MHzで P_{rad} が27.8mW、P_{lost} が0.6mWでした。

このときの η は、$\frac{P_{rad}}{(P_{rad} + P_{lost})} \fallingdotseq 97.9\%$ となります。

ここで、損失分を考慮したときの真の利得は、例えば**指向性利得**（Gd）が 2.12［dB］のときに、つぎのように計算できます。

$$\text{真の利得 [dB]} = \text{指向性利得 (Gd) [dB]} + 10\log_{10}\frac{P_{rad}}{(P_{rad} + P_{lost})}$$
$$= 2.12 - 0.09 = 2.03 \text{ [dB]}$$

電磁界シミュレータによっては、η の値が直接得られない場合があります。電磁界シミュレータ Sonnet で、反射器付きの折り曲げダイポール・アンテナの利得を計算した結果を図 4-5-3 に示します。

このアンテナは、約 1/4 波長離れて反射板があり、図では上方向へ放射が強くなっています。

絶対利得 Ga は 7.18dB、指向性利得 Gd は 7.31dB が得られましたが、η はこれらの値から、つぎの式で計算できます。

$$\eta \text{ [\%]} = 100 \times 10^{[(Ga-Gd)/10]} = 100 \times 10^{[(7.18-7.31)/10]} = 97.1\%$$

図 4-5-3　折り曲げダイポール・アンテナの放射パターンと指向性利得

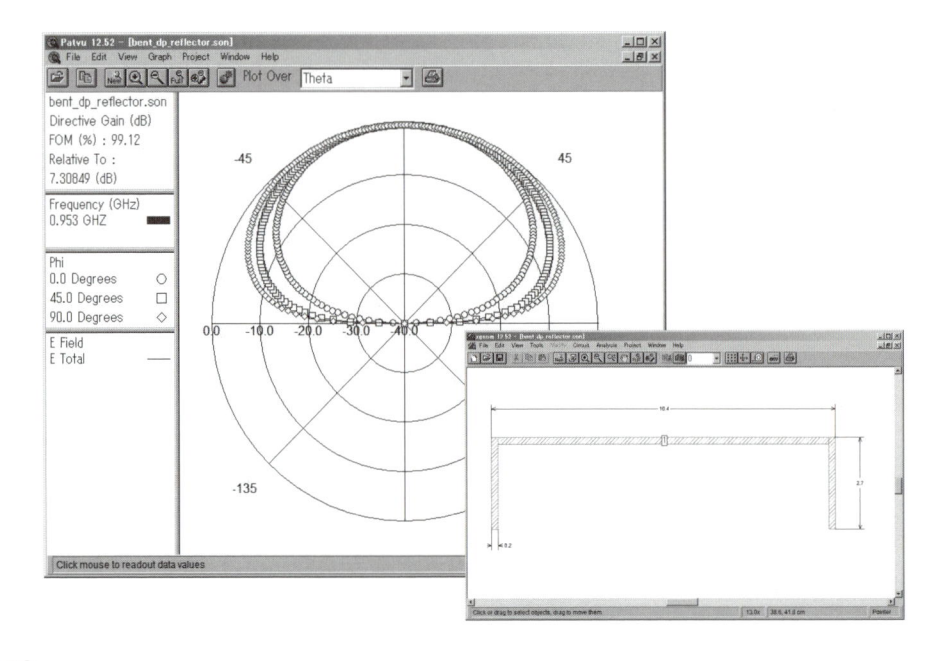

●帯域幅

アンテナに加えた電力はすべて放射させたいので、アンテナに加えた電磁波が給電点に戻る量はゼロに近いほど理想的です。

アンテナの給電点で観測した反射の量は、**反射係数**である S_{11}（エスいちいち）を調べることでわかります。これは **S パラメータ**と呼ばれていますが、一般には入出力の端子が複数ある回路で、それぞれの端子へ伝わる電磁波や反射して戻ってくる電磁波を電圧比で表しています。

アンテナは端子が一つなので、1V の電圧を加えたときに 0.1V 戻れば、S_{11} は 0.1 または –20dB です。この dB は電圧比なので、$20 \times \log_{10} 0.1 =$ –20dB となり、10 ではなく 20 を掛けることに注意してください。

さて図 4-5-4 のグラフは、半波長ダイポール・アンテナの S_{11} を dB 表示したもので、これを**リターンロス**と呼んでいます。

例えば –10dB 以下になる周波数は、アンテナとして十分動作する範囲を示しているといえますが、この周波数幅を**帯域幅（バンド幅）**と呼んでいます。

図 4-5-4　半波長ダイポール・アンテナのリターンロス

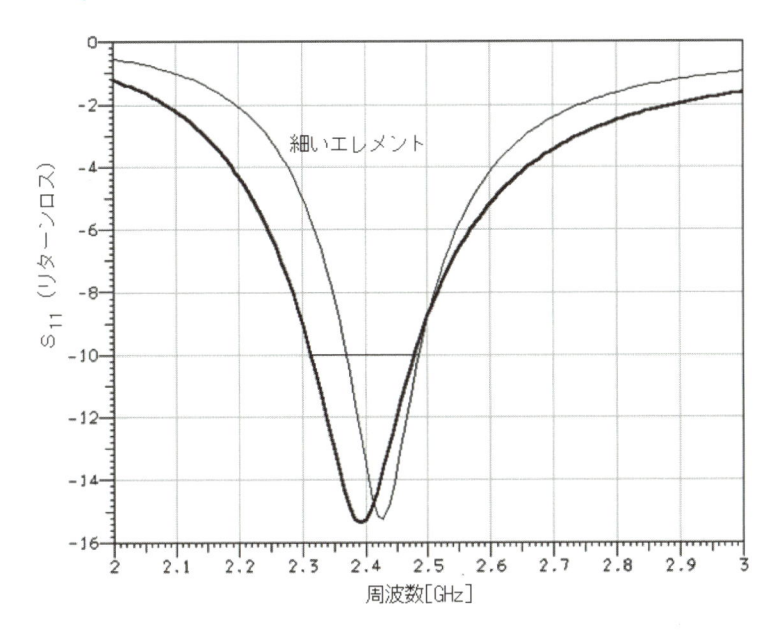

このシミュレーションは、エレメント長 60mm、半径 10 μm（細いエレメント）と半径 100 μm の 2 つのアンテナの比較です。図 4-5-4 から、太いエレメントのアンテナは細いエレメントのアンテナよりも帯域幅が広い、すなわちより広帯域のアンテナになっています。

ところで、リターンロスは $20 \times \log_{10}|S_{11}|$ なので、**無反射状態**の値はマイナス無限大になります。そこで、つぎの式で定義する **VSWR（電圧定在波比）** に変換すれば、グラフの縦軸の無反射状態（$|S_{11}|=0$）のときに 1 になります。

$$VSWR = \frac{1+|S_{11}|}{1-|S_{11}|}$$

ここで｜｜は絶対値を表す。

また、図 4-5-5 のグラフは、同じ結果の VSWR で、リターンロス = −10dB は VSWR=2 に相当します。

図 4-5-5　同じダイポール・アンテナの VSWR

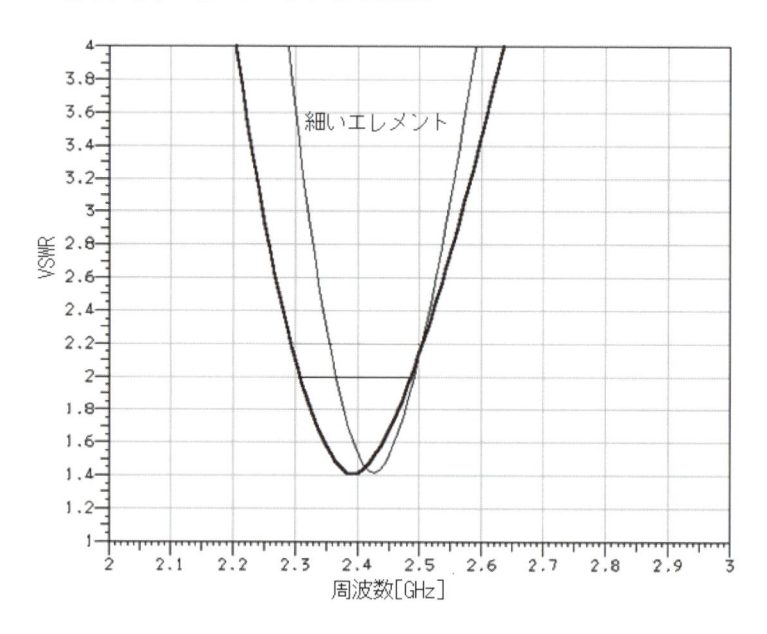

4-6 アンテナの性能を測る

●利得の測定方法

実際にアンテナを製作した場合には、性能を評価するために**利得**を実測する必要があります。

図 4-6-1 の左は送信側で、**信号発生器（シグナルジェネレータ）** を送信アンテナに接続して、測定したい周波数の電波を送信します。右側には測定したいアンテナを数波長離して置き、**アッテネータ**と**電界強度計**を接続します。

図 4-6-1　利得を測定する方法

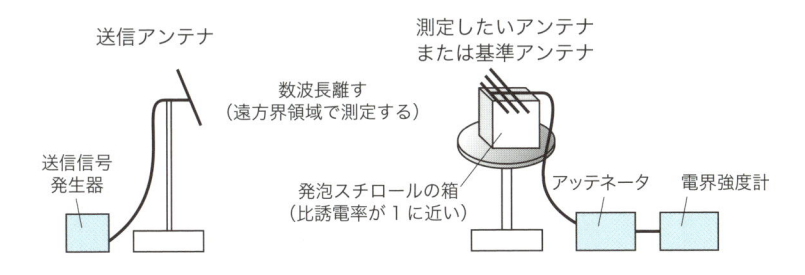

測定の手順はつぎのとおりです。
1) 送信アンテナから送信した電波を基準アンテナとなるダイポール・アンテナで受信する。そのとき電界強度計を見ながら、受信電界の最大値が測定できるようにアンテナの向きを固定する。
2) アッテネータを適当な減衰量にセットして、このときの減衰量を A [dB] とする。
3) 基準アンテナの代わりに測定したいアンテナをセットして、送信アンテナから送信した電波を受信し、受信電界の最大値が測定できるようにアンテナの向きを固定する。
4) このとき、基準アンテナのときと同じ電界強度となるようにアッテネータの減衰量を変えて、そのときの減衰量を B [dB] とする。

この測定は、ダイポール・アンテナを基準としているので、相対利得は、

B − A [dBd]

となります。また絶対利得は、

B − A+2.15 [dBi]

となります。

アッテネータは、信号を適切な信号レベルに減衰させる装置のことで、減衰量を連続に可変できるタイプが便利です。

また電界強度計は、**スペクトラムアナライザ**（略称スペアナ）があればそれで代用できます。この場合は受信電力を直読できるので、アッテネータは不要になります。

●放射効率の測定方法

4-5節の放射効率の式によれば、入力電力は測定できるので、放射電力がわかればηは容易に求められます。しかし実際には、空間へ放射されている全ての電力をかき集めて測定するのは困難です。

そこで考案されたのが**ホイラーキャップ**による **Wheeler法**です。図4-6-2はホイラーキャップの例で、高さ315mm、外径440mm、内径300mmの空胴球体です。この中に入る小型アンテナであれば、320MHz〜3GHzの範囲で放射効率を測定できます。

Wheeler法は、アンテナの入力インピーダンスを測定して近似的に放射効率を求める方法で、金属の箱に収めたときの入力インピーダンスの実部をR_{lost}とします。これは、密閉することでアンテナからの放射がないと見なしているからです。

図4-6-2　ホイラーキャップの例

箱を取って測定した入力インピーダンスの抵抗分は、$R_{rad} + R_{lost}$となります。放射効率ηは、ホイラーキャップで測ったときの反射係数Γ_wと、自由空間で測ったときの反射係数Γ_fを測定して、つぎの式で求めます。

$$\eta = 1 - \frac{1-|\Gamma_w|^2}{1-|\Gamma_f|^2}$$

　この方法は、密閉した金属箱内で電磁波を放射するので、箱の内部が共振する周波数では使えません。箱がしっかり密閉されていない場合も、すき間から電磁波が漏れるので、R_{lost}の値が不正確になります。

　放射効率が80%以上になると$R_{rad} + R_{lost}$の値がR_{rad}に近くなるので、測定の誤差が大きくなるので、注意が必要です。

●帯域幅の測定方法

　アンテナの反射係数であるS_{11}を測定するためには、図4-6-3のような**ネットワークアナライザー**という測定器を使うと便利です。**リターンロス**のグラフを画面に表示でき、そのデータも保存できますから、パソコンで図4-5-4のグラフを表示すれば、帯域幅がわかります。

図4-6-3　ネットワークアナライザーでSパラメータを測定する

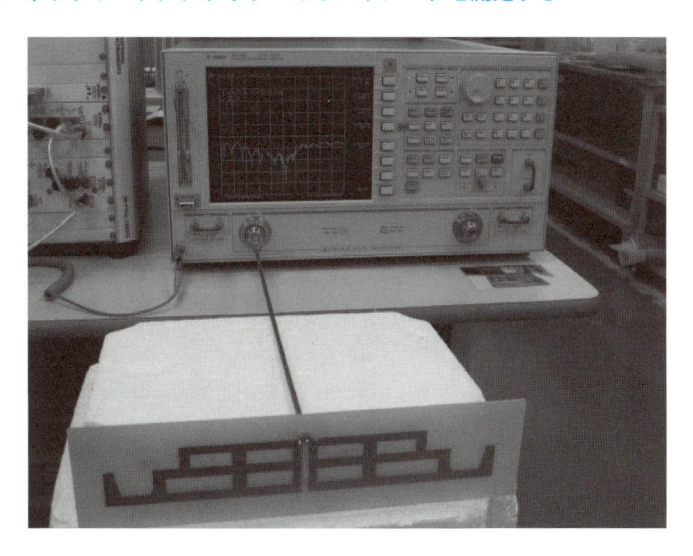

4-7 アンテナを設計する

●動作周波数で決まるアンテナの種類

共振型のアンテナの設計では、動作周波数の波長をもとに**電界検出型**あるいは**磁界検出型**のどちらを採用するかを決めます。

アンテナを設置するスペースが、1/4 ～ 1/2 波長以上確保できる場合は、ダイポール・アンテナをベースにした電界型のアンテナで設計できます。

一方、波長がアンテナを設置するスペースをはるかに超える場合は、波長の 1/10 以下の寸法にできる磁界型の微小ループを採用することになります。また **UWB**（Ultra Wide Band）という通信規格を採用した超広帯域のアンテナは、進行波アンテナが理想的ですが、製作するとアンテナ長が波長の数倍以上必要になるので、実際には電界型に近い構造を採用して設計されます。

●ダイポール・アンテナのエレメント長

細い導線で作る 1/2 波長ダイポール・アンテナは、**動作周波数** f [Hz] から、つぎの式でエレメントの長さ d [m] を計算できます。

$$d = \frac{3 \times 10^8}{2f} \times (0.96 \sim 0.97) \ [\text{m}]$$

ここで、エレメント長を 96 ～ 97% にするのは、誘導性リアクタンスをなくすためです。誘導性とはエレメントの周りに発生する磁界を意味するので、余分な長さを取り除いておきます。

図 4-7-1 細い銅線で作ったアンテナ

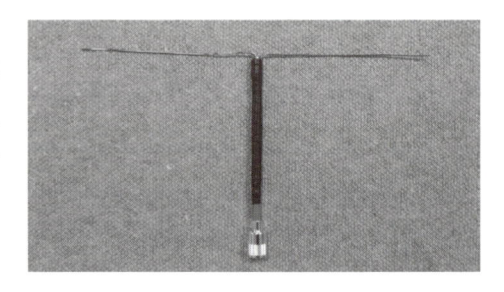

携帯電話や小型端末などの**内蔵アンテナ**は、電気回路の基板の端に配線パターンの一部として設計できます。この場合は、基板の誘電体層の厚さや誘電率によって波長短縮率が異なるので、電卓をたたいただけで作るというわけにはいかなくなります。

●基板で作るアンテナの波長短縮

　ここで**波長短縮**について解説しておきましょう。電界型の**ダイポール・アンテナ**は、基板の誘電体表面上に形成すると、電磁波の移動速度が、空間にある同寸のダイポール・アンテナを移動する電磁波よりも遅くなります。これは、電磁波が誘電体（電界を誘い込む物質）内を進みづらくなるからだと考えられますが、磁性体の場合も、磁界に対しては同様の効果があります。

図 4-7-2　波長短縮効果の説明

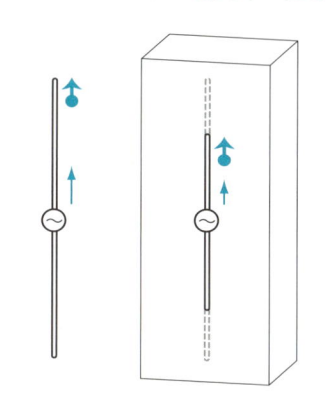

　図 4-7-2 は、空間にあるアンテナと誘電体上のアンテナを並べていますが、中央の給電点を出発点にして徒競争をすれば、空間を移動する進行波が先端に到達した時点で、右の誘電体上のアンテナは速度が遅いので、まだ途中にいます。

　これらのアンテナが、両方とも同じ周波数で共振するためには、左のアンテナの先端で反射波が戻る同じ時刻に、右のアンテナでも反射波を作らなければならず、図の右のように、エレメントを短くする必要があります。

　これが**波長短縮効果**ですが、誘電体がすべての電気エネルギーを囲んでしまえば、**波長短縮率**は誘電体の**比誘電率**を ε_r として、$\frac{1}{\sqrt{\varepsilon_r}}$ で表せます。しかし、薄い基板の片面にエレメントのパターンを作ると、波長短縮の効果はさらに弱まります。

4-8 ダイポール・アンテナを作ってみよう

●銅線で作るダイポール・アンテナ

図 4-8-1 は銅線で作る**ダイポール・アンテナ**の給電点です。アンテナ全体の図は本章の図 4-12-1 ですが、エレメントは、全長が約 33cm になるように、同軸ケーブルにハンダ付けしています。

目標とする動作周波数は、**アマチュア無線**で許可されている 435MHz としました。前項の式で、ダイポール・アンテナのエレメント長を計算すると、つぎのように求められます。

$$d = \frac{3 \times 10^8}{2f} \times (0.96 \sim 0.97) = \frac{3 \times 10^8}{2 \times 435 \times 10^6} \times (0.96 \sim 0.97) = 0.331 \sim 0.335 \ [\text{m}]$$

中間の値を採用すれば、左右のエレメントはそれぞれ約 16.6cm になります。エナメル線はハンダ付けする部分の表面をヤスリで削り、銅をむき出しにします。同軸ケーブルは特性インピーダンスが 50Ω の **5D-2V** を使いましたが、芯線を 5mm ほど出して周りの絶縁体を取り除き、外導体の編み線をきれいに切りそろえます。同軸ケーブルの他端には、図 4-8-2 のような M 型コネクタ（オス）をハンダ付けします。

図 4-8-1 給電点のハンダ付け

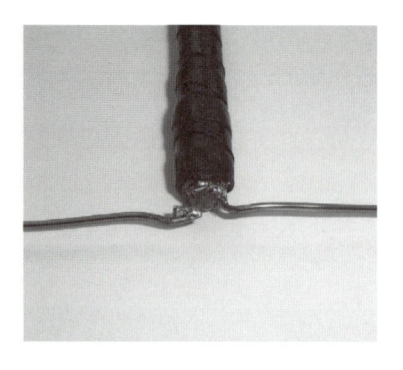

図 4-8-2 M 型コネクタのハンダ付け

● **バランを作る**

　同軸ケーブルにM型コネクタとエレメントを付ければ完成なのですが、同軸ケーブルにエレメントを直付けすると、図4-8-3に示すような問題があります。

図4-8-3　同軸ケーブルにエレメントを直付けしたときの問題

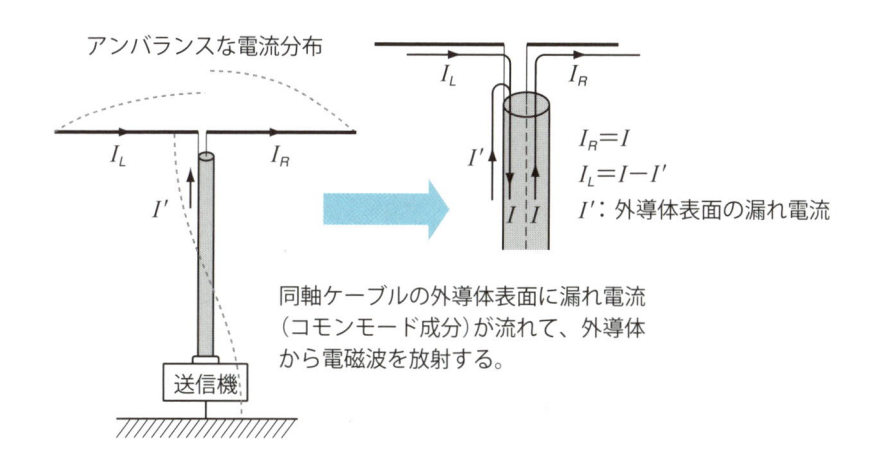

アンバランスな電流分布

I_L　I_R
I'

$I_R = I$
$I_L = I - I'$
I'：外導体表面の漏れ電流

同軸ケーブルの外導体表面に漏れ電流（コモンモード成分）が流れて、外導体から電磁波を放射する。

送信機

　ダイポール・アンテナは、左右に流れる電流の大きさが等しい**平衡回路**なので、図4-8-3のように同軸ケーブルを直付けすると、本来流れるはずがない同軸ケーブルの外導体に電流が流れてしまいます。これは一方向にのみ流れる電流（**コモンモード電流**）なので、外導体の外側からも電波の放射が起こり、放射パターンに悪影響を及ぼします。

　また受信時には、本来のアンテナ素子ではなく、同軸ケーブル自体が周辺の**ノイズ**を拾うことにもなります。

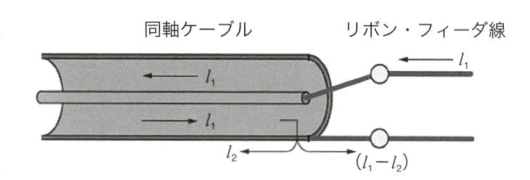

　また図4-8-4のように、不平衡線路である同軸ケーブルに**リボン・フィーダー線**のような**平衡線路**を直に接続すると、両ケーブルからは

図4-8-4　同軸ケーブルにリボン・フィーダー線を直付けする

同軸ケーブル　　　リボン・フィーダ線
l_1
l_1
l_1
l_2　　$(l_1 - l_2)$

不要な電磁波の放射が起こりますから、同軸ケーブル本来の**シールド（遮蔽）効果**は損なわれることになります。

不平衡線路と平衡線路の直結は避けるべきですが、ダイポール・アンテナに接続する場合は、コモンモード電流の発生を防ぐ手段として、図4-8-5のような**阻止管（シュペルトップ）** があります。アマチュア無線の自作では、図4-8-6のように同軸ケーブルの外導体の網線長を1/4波長にして覆いますが（図中、矢印の箇所でハンダ付け）、波長短縮率を考慮した長さ（例えば5D-2Vなどでは約67%）にする必要があります。1/4波長伝送線路の入力インピーダンス Z_{IN} は、Z_0 を線路の特性インピーダンス、Z_L を負荷とすれば、つぎの関係が成り立ちます。

図 4-8-5　阻止管（シュペルトップ）

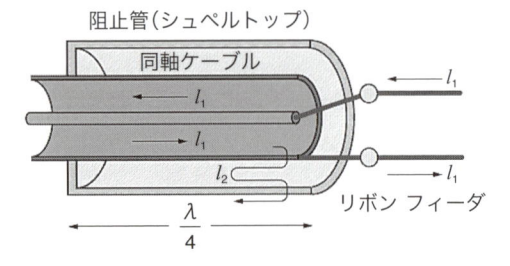

$$Z_{IN} = \frac{Z_0^2}{Z_L}$$

図 4-8-6　同軸ケーブルの外導体の網線で覆い，左端を短絡する

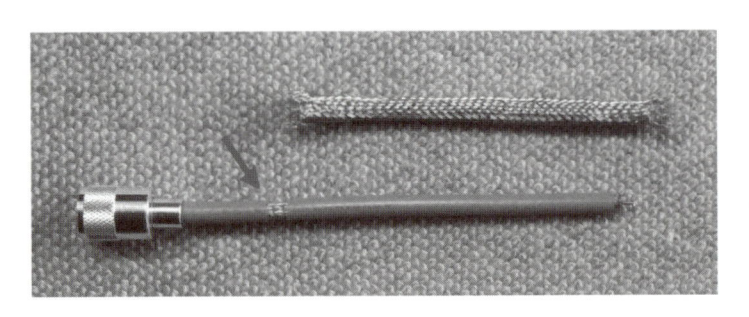

図4-8-5のように先端を短絡（$Z_L=0$）した場合、入力インピーダンスは無限大になります。したがって、図の接続点では阻止管と電気的に絶縁したのと同じ状態になり、リボン・フィーダー線には平衡電流が流れるようになります。

このように、不平衡電流を阻止して平衡電流だけ流すための回路を、**バラン**（BALUN: Balanced to Unbalanced Transducer）と呼んでいます。図4-8-6は、約11cm（= 16.6×0.67）長の編み線を使っています。

●インピーダンスの測定

図4-8-7は、アマチュア無線用の**インピーダンスの測定器**です。測定するときには図のような床置きではなく、もちろん空間で支えます。

図4-8-8（a）はインピーダンスの表示、図4-8-8（b）はSWR（定在波比）の表示です。測定データはパソコンにも取り込めますが、画面から430MHzよりやや低い周波数で共振していることがわかるでしょう。

図4-8-7　アマチュア無線用のインピーダンスの測定器（Rig Expert AA-520）

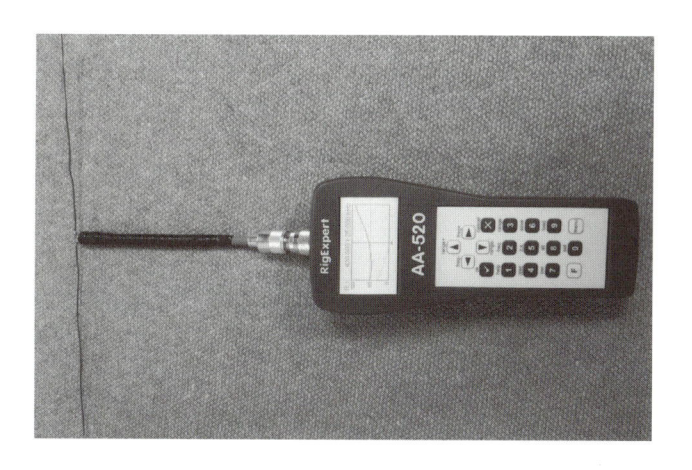

図4-8-8（a）インピーダンスの表示

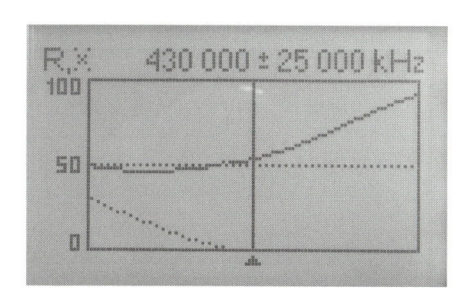

図4-8-8（b）SWR（定在波比）の表示

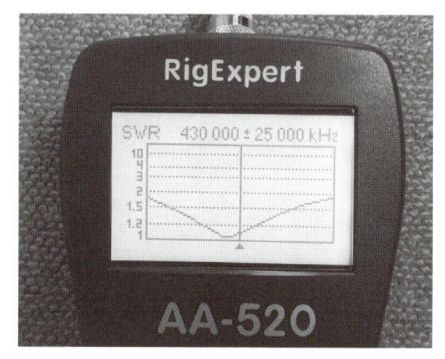

4-9 アンテナの接続と設置

●ケーブルの種類

　一般にアンテナは送受信機から離れた所に設置するので、専用の電線で両者をつなぎます。

　図 4-9-1 はテレビの**アンテナ入力端子**に差し込んだ**同軸ケーブル**です。テレビ用のアンテナは、特性インピーダンスが **75 Ω の同軸ケーブル**を使うように設計されていますが、昔は**リボン・フィーダー線**と呼ばれている **300 Ω の平行線路**も使われていました。

　第 2 章 2-3 節で学んだように、同軸ケーブルは金属の網線を筒状に巻いています。ケーブルの途中に強い電気を使う機器がある場合でも、内部にノイズが入ってこないような構造になっていますから、アンテナで受信したテレビ信号をテレビやチューナーに伝えるのに適しているのです。

　ケーブルの先端には接続用のコネクタが付いていますが、テレビの場合は図 4-9-1 のような **F 型コネクタ**が付いているケーブルを、アンテナ入力端子に差し込みます。

図 4-9-1　テレビのアンテナ入力端子に差し込んだ同軸ケーブル

●コネクタの種類

　テレビ用のケーブルは、先端にF型コネクタが付いている製品が便利です。しかし、規格品以外の長いケーブルが必要なときには、図4-9-2を参考にして、F型コネクタのプラグを同軸ケーブルに取り付けてください。

図4-9-2　F型コネクタの取り付け手順（出典：CQ ham radio付録のハム手帳2010）

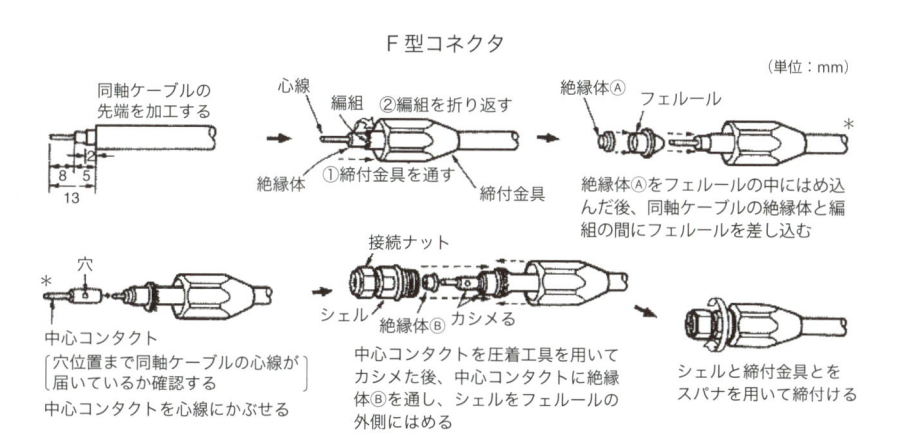

　アマチュア無線のアンテナで使われているコネクタは、**M型**や**N型**、**BNC**などがあります。またワイヤレスLAN用の外部アンテナをつなぐ細い同軸ケーブルには、**SMAコネクタ**が使われています（図4-9-3）。

図4-9-3　左からM型、N型、BNC、SMA　プラグ（上段）とジャック（下段）

● アンテナの入力インピーダンス

　テレビ用のアンテナは**入力インピーダンス**が **75 Ω** になるように設計されていますから、**特性インピーダンス**が 75 Ω の同軸ケーブルを使うと、アンテナで受信した電波をムダなくテレビに伝えることができます。

　アマチュア無線家が使う市販のアンテナは、入力インピーダンスが 50 Ω になるように設計されている製品がほとんどで、8D-2V や 5D-2V といった特性インピーダンス 50 Ω の同軸ケーブルを使います。

　半波長のダイポール・アンテナの入力インピーダンスは、ピッタリ波長の 1/2 の長さで作ると、理論値は $73 + j43$ [Ω] になり、誘導性リアクタンスがあります。アンテナのリアクタンスは電波の送受信には不要なので、純抵抗だけのインピーダンスが理想的です。また、j43 [Ω] はコイルに相当しますが、コイルは磁界を発生することから、ちょうど 1/2 波長の長さで作ったのではエレメントが長すぎて、磁界が余計に発生していることを意味します。

　そこで、エレメントをやや短くして約 97% にすると、純抵抗の 73 Ω になります。また、図 4-9-4 のようにエレメントを適度に折り曲げると、入力インピーダンスを 50 Ω にすることができます。

図 4-9-4　入力インピーダンス 50 Ω のアンテナ

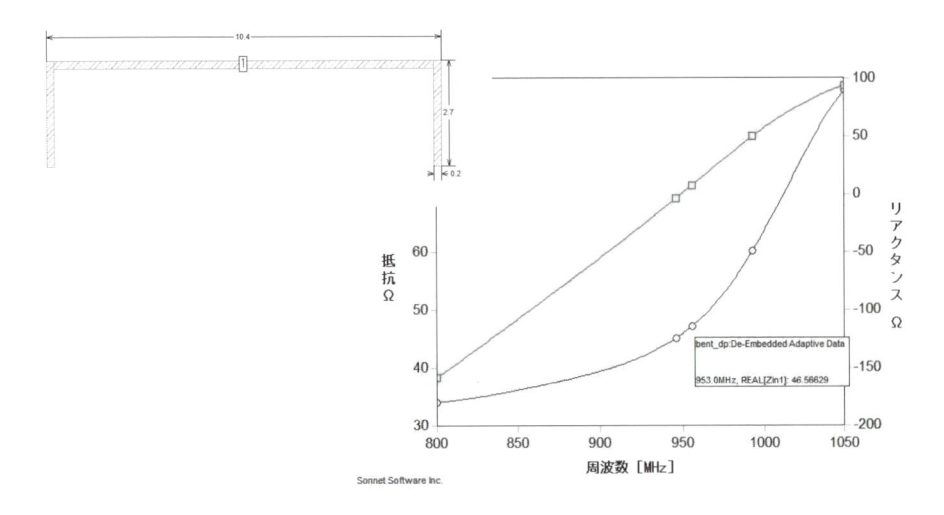

●ワイヤレス LAN のアクセス・ポイント

　オフィスでは、**ワイヤレス LAN** の電波は部屋の外へ漏れづらくなります。これは、コンクリート壁の中にある網目状の鉄骨に誘導電流が流れるからだと考えられますが、もし壁が金属の平板であれば、外から電波が到達しても電波は侵入しづらいので、電磁波を遮蔽する**シールドルーム**になります。

　オフィス内の壁 2 面を金属にして、壁からそれぞれ 10cm 離れた位置に、ワイヤレス LAN のアクセス・ポイントを想定したダイポール・アンテナを垂直に設置してみます。図 4-9-5 はアンテナから送信しているときのシミュレーションで、アンテナの中心を含む水平面の電界の強さを表示しています。

　電気壁とは理想導体の壁のことで、残りの壁は吸収境界に設定してあり、電波の反射はありません。図では、金属壁に沿った +x 方向と +z 方向に強い放射があるようです。また 3 つある放射方向の間には、放射が少なくなる方向もあります。周波数は 2.45GHz で、波長は約 12cm です。

図 4-9-5　オフィス内のワイヤレス LAN の電波　水平面の電界の強さ

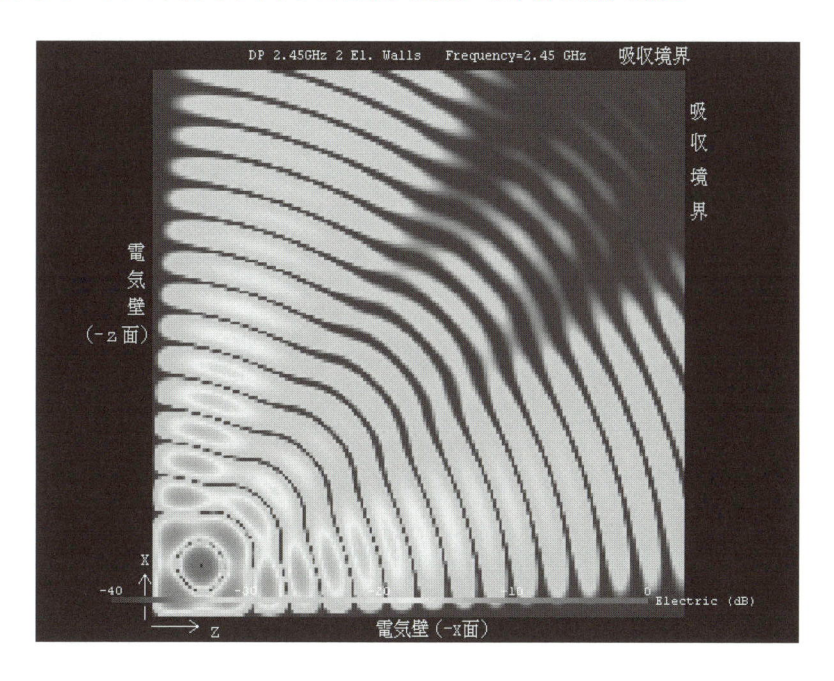

●オフィス内の定在波

アンテナから放射された電波（進行波）と、2つの金属壁で反射した反射波の合成では、同相の波は強め合い逆相の波は弱め合うことになります。そこで、放射方向によっては、電波が伝わらない場所が現れることもあります。

図4-9-6は、オフィスの壁を4面とも電気壁に設定した場合の電界分布です。対向する2つの金属壁同士が平行になったことで、両壁の間で反射が何度も繰り返されることが予想されます。これらの波の合成により、電界の強い分布が島のように点在する領域（**定在波**）が現れました。

一方、海に相当する領域では、位相を変化させてアニメーション表示をすると、時間が経っても常に電界が弱い位置が固定されている現象も見つかりました。これは定在波が立っていることを示しており、常に電界が弱いこのような場所に、電界を検出するタイプのダイポール・アンテナを置けば、信号の受信が困難になります。

図4-9-6　4面とも金属壁のオフィス内の電界強度分布

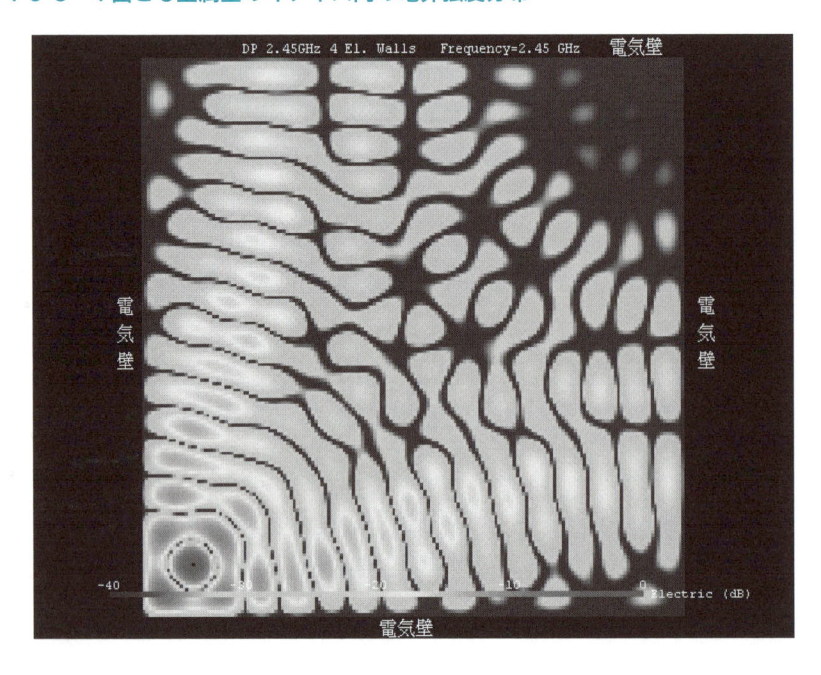

●重要なアンテナの設置位置

　図 4-9-7 は、アンテナと金属壁の距離を **1/4 波長**（3.1cm）に設定したモデルです。金属壁以外はすべて吸収境界なので、電波の反射はありません。

　前項は電界の分布を瞬時値で表示していましたが、この図は実効値（RMS）表示なので、電波は広い領域に比較的均一に放射されていると考えられます。磁界も同様の分布を示しました（図は省略）。

図 4-9-7　アンテナの後方 1/4 波長（3.1cm）に金属壁がある場合の電界分布

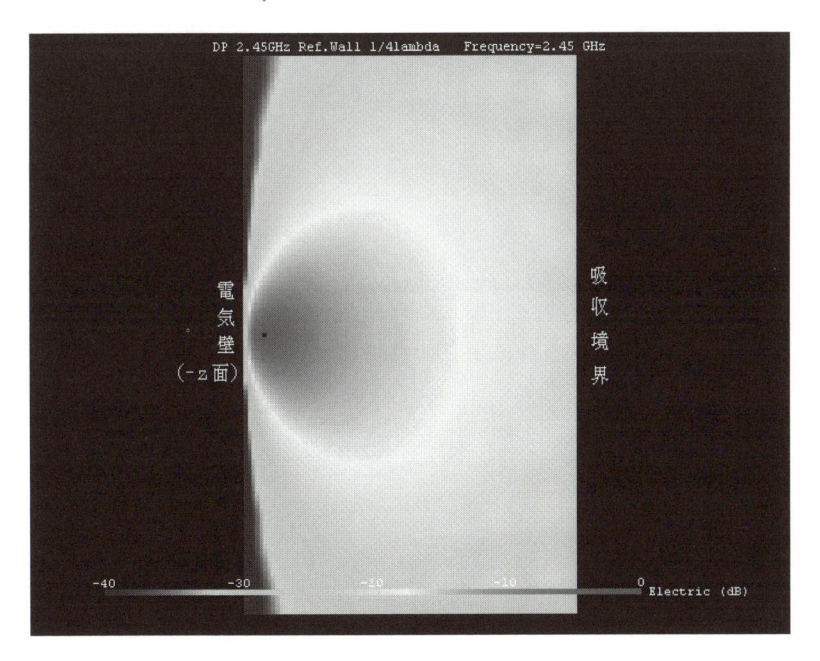

　つぎに、アンテナと壁の距離を **1/2 波長**に設定したときのシミュレーション結果を図 4-9-8 に示します。

　やはり実効値表示ですが、明らかに壁に垂直な方向（+z 方向）へは電波が放射されていません。両者の位置はわずか 1/4 波長の違いですが、何が起きているのでしょうか。

図 4-9-8　アンテナの後方 1/2 波長（6.2cm）に金属壁がある場合の電界分布

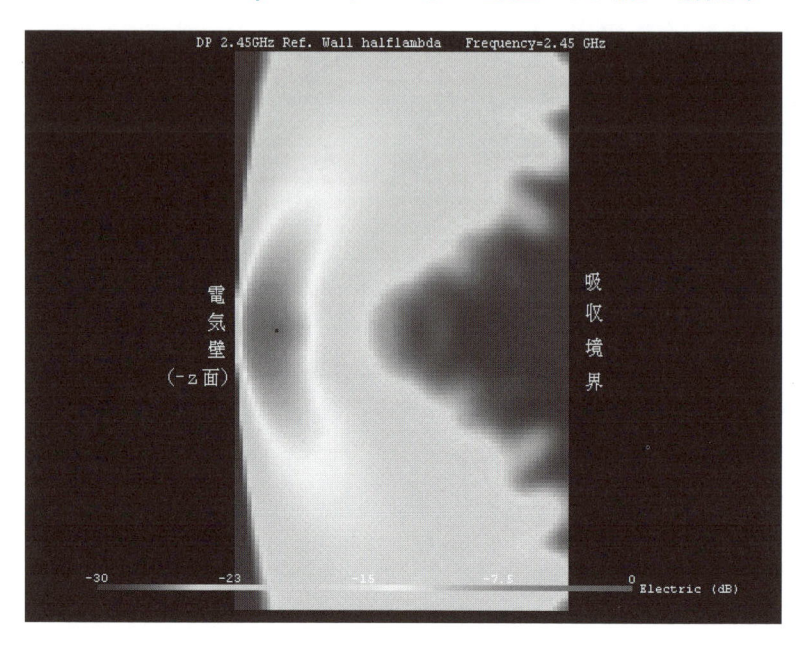

　これらの違いは、図 4-9-9 のような波を考えることで理解できます。A 点と R 点の距離が λ/4 の場合、A 点から放射された電波が R 点に到達するのにかかる時間で、**位相**が 90 度遅れます。

　R 点から再放射（反射）する電波は、R 点に入射する電波より 180 度位相が遅れるので、A 点から放射される電波より 270 度遅れます。

図 4-9-9　反射波と直接波の合成

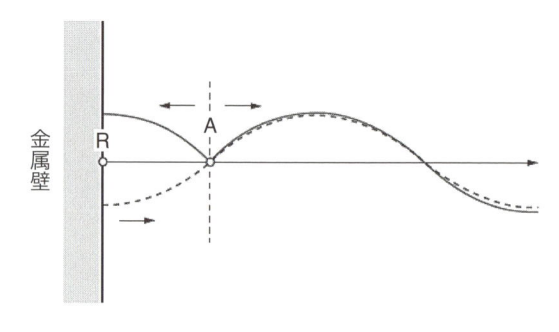

　この電波が右方向へ進み、A 点に到達するまでにさらに λ/4 進むので 90 度遅れ、結局**反射波**は A 点から右へ進む**直接波**より 360 度（＝ 0 度）遅れ、つまり同相で放射されることになります。アンテナから右へ進む波が同相で合成されることを考えれば、右方向へ強く放射されることが納得できます。

さて、アンテナと壁の距離が1/2波長の場合も同様に考えれば、反射波はA点から右へ進む直接波より540度（つまり180度）遅れますから、アンテナから右へ進む波が**逆相**で合成されてキャンセルされます。そこで、+z方向へは電波が放射されなくなるということが理解できるでしょう。

オフィスのワイヤレスLANなどのアクセス・ポイントを金属の近くに設置する場合は、1/2波長の距離を避ける必要がありますが、もちろん1/2波長の整数倍の距離でも同じ現象が起きることに注意が必要です。

●ノートパソコンの内蔵アンテナ

ワイヤレスLANのアンテナを内蔵した初期のノートパソコンは、図4-9-10のような**小型逆Fアンテナ**を1つだけ使っていました。

アンテナ単体の放射パターンは、図4-9-11に示すようにほぼ全方向へ均一に電波が放射されています。

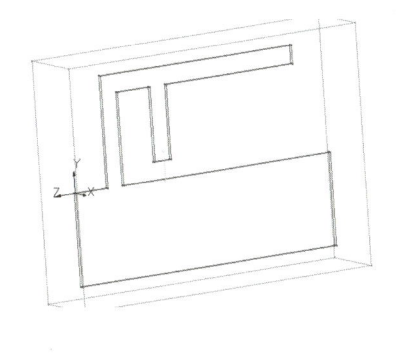

図4-9-10　小型逆Fアンテナ　　**図4-9-11　小型逆Fアンテナの放射パターン**

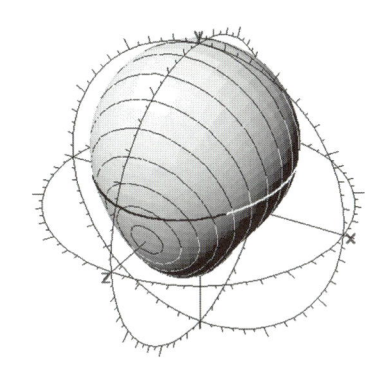

しかし、このアンテナをノートパソコンの液晶画面上部に内蔵したモデル（図4-9-12）を電磁界シミュレータシミュレーションしたところ、図4-9-13のように放射パターンに凹凸が現れました。

これは、逆Fアンテナから放射された電磁波がパソコン本体の金属面で反射されて、それらの波との合成条件によって、同相で強め合い、また逆相で弱め合う関係になるからだと考えられます。

図 4-9-12　アンテナをノートパソコンの液晶画面上部に内蔵したモデル

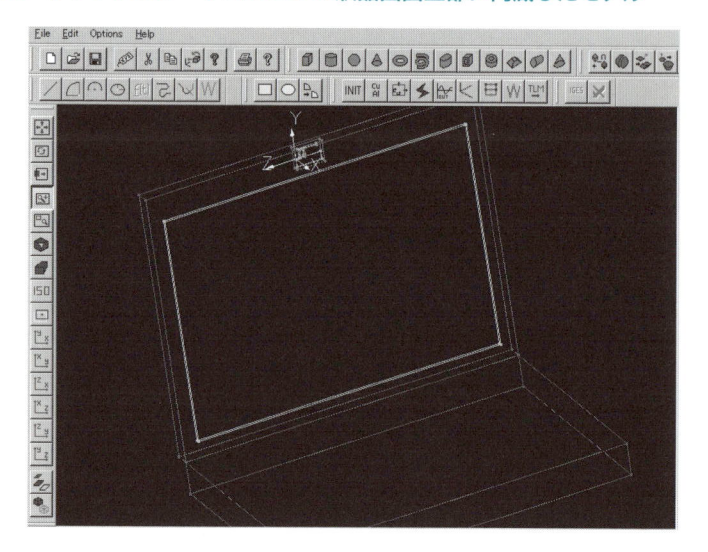

　光も電磁波なので、反射という表現はわかりやすいのですが、電磁波で説明すると、放射された磁界ベクトルはパソコンの金属面に平行に分布して**誘導電流**（**渦電流**）を発生させます。

　そして、この電流によってできる新たな磁界が時間変化して電界を生み、2次放射が発生すると考えられます。

　パソコンを金属製テーブルに置いたときの放射パターン（図4-9-14）は、天頂方向や他の方向で電波が放射されない**ヌル**（**null**）が現れました。

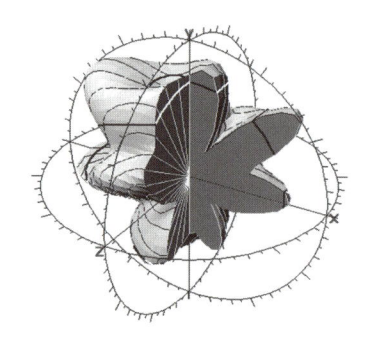

図 4-9-13　図 4-9-12 のモデルの放射パターン

図 4-9-14　パソコンを金属製テーブルに置いたときの放射パターン

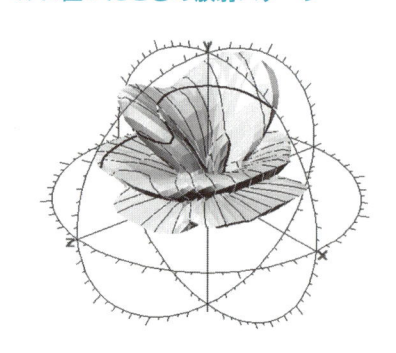

4-10 アンテナとゴースト障害

●テレビ受信とゴースト障害

アナログテレビの時代は、ビルの谷間で自動車用テレビが二重に映る**ゴースト障害**が起きました。テレビ放送の電波は、都市部ではビルや鉄柱などで反射して、電波の伝わる経路がいくつもできてしまいます。これを、経路が複数という意味で**マルチパス**ともいい、ゴースト障害はマルチパス障害ともいわれています。

マルチパスは、電波が伝わる距離がすこしずつ異なるので、位相の異なる電波が受信されて、合成されると映像が乱れることになるのです。

また反射が無い場合でも、強い電波がチューナーの端子付近で直接受信されると、アンテナからの電波との間に時間差が生じて、ゴースト障害が発生することもあります。テレビではゴースト障害といいますが、音声やデータ通信でも、都市部や工場内、オフィスなどでマルチパス障害は発生します。

●ゴーストバスターズ？

アナログテレビ用では、図 4-10-1 のような受信アンテナで、ゴースト波に対して 2 つのアンテナで受信した電波の位相差を 180 度（つまり逆の位相）に調整して、ゴースト波を打ち消してしまう製品があります。

図 4-10-1　ゴースト波をキャンセルするアンテナ

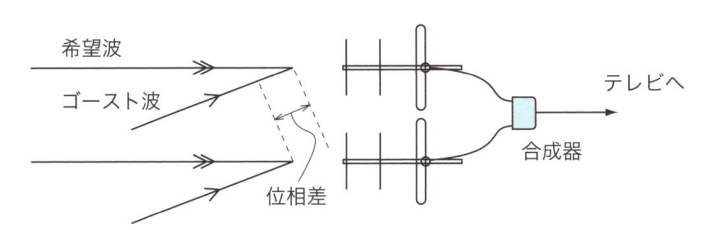

テレビ以外のマルチパス障害の対策としては、オフィスの壁に反射を防ぐ**電波吸収シート**を貼ると効果があります。

　コンクリート壁の中には鉄骨が網目状に入っています。また、天井にはアルミニウム製のフレームや電源の配線もあります。ワイヤレスLANのアクセス・ポイント（複数の端末を接続する中継装置）を天井内に隠して設置すると、これらの金属に誘導電流を生じさせて、反射波が発生します。

　マルチパスは、金属製の机やパーティションなどで電波が反射することによっても発生するので、図4-10-2のような電波吸収シート（約3mm厚の薄膜構造）を貼ることによって改善できる場合があります。

　空間を移動する電磁波は電磁エネルギーを伝えますから、伝送線路の仲間です。電波インピーダンスまたは**波動インピーダンスは377Ω**ですから、電波吸シートの表面抵抗は、例えばワイヤレスLANの2.45GHzで377Ωになるように設計されています。

図4-10-2　電波吸収シートの例（ニッタ株式会社）

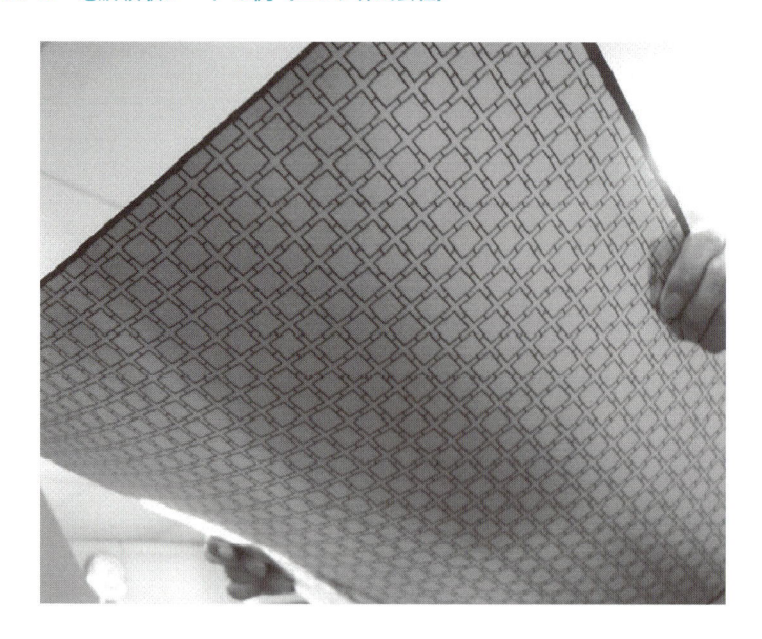

4-11 アンテナによる送信と受信

●アンテナの可逆性とは？

　一般のオフィスでは、ワイヤレス LAN のアクセス・ポイントを天井に隠して設置する例が多くなりました。また部屋の片隅のテーブルに置くケースもありますから、テーブルに向かって水平方向へ放射する必要があります。

　アンテナは、送信して測定した利得や効率、帯域幅などの特性値がそのまま受信した場合にもあてはまり、これを**アンテナの可逆性**といいます。

　もしアクセス・ポイントのアンテナが電波を全方向に放射しているときには、このアンテナを受信で使っているときにも、さまざまな位置にあるパソコンからの電波を良好に受信できることがわかります。

●1つのアンテナで送受信

　携帯電話で通話しているときは、相手の話しを聞きながら同時にしゃべっています。つまり1つのアンテナを使って同時に送信と受信をしているので、これはよく考えると不思議です。受信電波と送信電波が1つのアンテナに混ざっていることになりますが、問題ないのでしょうか。

図 4-11-1　方向性結合器（TDK）

　携帯電話は、1本のアンテナに対して、電波を送信する回路と受信した高周波信号を音声信号やデジタルデータに変換する回路で構成されています（第3章 図3-5-6のブロック図を参照）。

　また、アンテナで受信された電波（高周波）は、ミキサで発振器の信号と混合されてより低い周波数に変換されます。送信のときには、逆の順になります。

　送受の切り替えは**方向性結合器（カプラ）**という部品が使われており、送信信号と受信信号を分離しているので、1つのアンテナで済むというわけです。

4-12 アンテナ開発の歴史

第1章や第3章でもアンテナの歴史を垣間見ることができますが、ここでは図4-12-1に示した**接地系**、**非接地系**、**開口面系**の3つの分類で、アンテナの変遷をたどってみましょう。

図4-12-1 接地系、非接地系、開口面系のアンテナの変遷

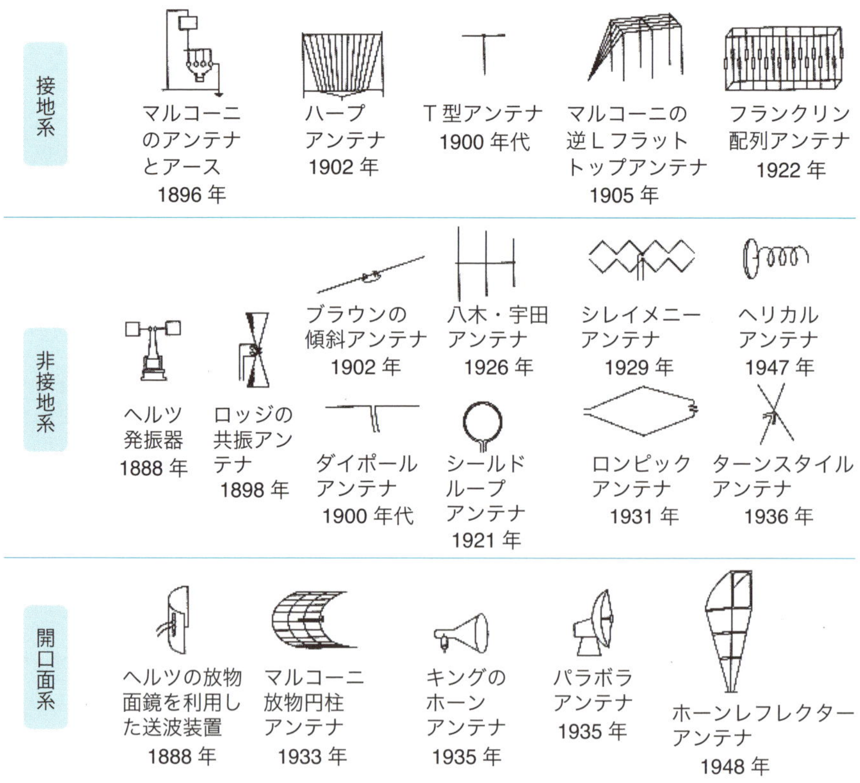

接地系
- マルコーニのアンテナとアース 1896年
- ハープアンテナ 1902年
- T型アンテナ 1900年代
- マルコーニの逆Lフラットトップアンテナ 1905年
- フランクリン配列アンテナ 1922年

非接地系
- ヘルツ発振器 1888年
- ロッジの共振アンテナ 1898年
- ブラウンの傾斜アンテナ 1902年
- 八木・宇田アンテナ 1926年
- シレイメニーアンテナ 1929年
- ヘリカルアンテナ 1947年
- ダイポールアンテナ 1900年代
- シールドループアンテナ 1921年
- ロンビックアンテナ 1931年
- ターンスタイルアンテナ 1936年

開口面系
- ヘルツの放物面鏡を利用した送波装置 1888年
- マルコーニ放物円柱アンテナ 1933年
- キングのホーンアンテナ 1935年
- パラボラアンテナ 1935年
- ホーンレフレクターアンテナ 1948年

●接地系のアンテナ

安政元年（1853年）の黒船来航で、ペリーは幕府に電信機を献上しました。当時米国では電線を使った通信が実用化されていましたが、1842年にはモールス信号で有名な**モールス**（または**モース**）が海底電線を敷設しています。無線通信を実証したのはドイツの物理学者**ヘルツ**（1857〜94年）ですが、電波をできるだけ遠くへ伝える方法として、当初は地中に電気を通すアイデアが登場しました。

ヘルツ発振器の実験結果を知ったイタリアのグリエルモ・**マルコーニ**（1874〜1937年）は、これを使って無線通信を行い、マルコーニ社を起こして商用化させることを考え、独自の装置を考案しました。

変遷図の最初に登場するのが、マルコーニの考案したアンテナと通信装置です。高さ8メートルのアンテナで、約2,400メートル先の受信に成功していますが、アースを使って地球に接地しているのが特長です。アンテナの端は大地に接地され、これと空間に張り出したアンテナとの間に電気が加えられましたが、この方式のアンテナを接地系と呼んでいます。

●グラウンドの役割

アンテナの教科書で扱う**グラウンド**は理想導体で、接地系のアンテナは、図4-12-2のような**イメージ（映像）アンテナ**として説明されます。

これは、ヘルツダイポールのエレメントに流れていた電流の半分が、そっくりグラウンドに流れるという説明を模式図にしたものです。この絵を見ると、地中深く垂直に電流が流れているように勘違いしそうですが、実際には地表に近い所に強い電流が流れています。

図4-12-2　地中のイメージ（映像）アンテナ

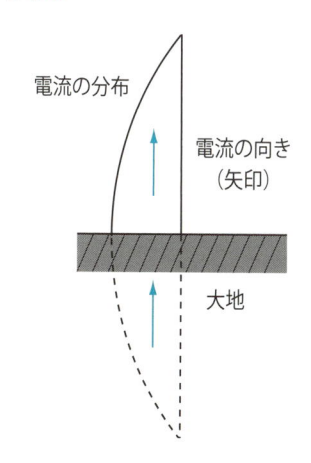

このアンテナは、ダイポールの片側だけのエレメントなので、**モノポール・アンテナ**とも呼ばれています（モノは１つという意味）。

さてモノポール・アンテナの入力インピーダンスは、**ダイポール・アンテナ**のほぼ半分になります。アンテナの教科書によれば、ダイポール・アンテナの入力インピーダンスは 73 Ω で、これに対しモノポール・アンテナは 36 Ω と、ちょうど半分になっています。

つぎの図 4-12-3 は、ダイポール・アンテナと等価なモノポール・アンテナです。それぞれのエレメントに同じ値の電流 I を流すために、給電点の電圧は、モノポール・アンテナでは V、ダイポール・アンテナでは 2V となり、モノポール・アンテナのインピーダンスは、ダイポール・アンテナの半分になることがわかります。

図 4-12-3　ダイポール・アンテナと等価なモノポール・アンテナ

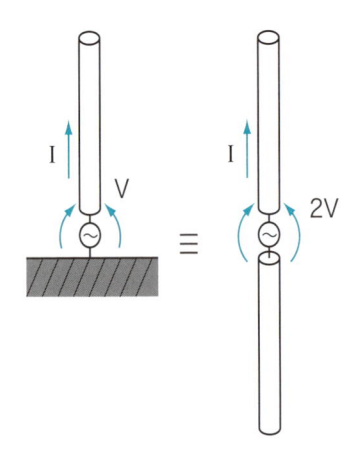

ただし、これは理想導体のグラウンドを無限大と仮定した場合なので、有限長のグラウンドでは、その寸法によってアンテナの入力インピーダンスは変動します。

● **非接地系のアンテナ**

図 4-12-1 の変遷図の中段はヘルツのアイデアから始まるアンテナで、接地はされていません。

世界中のアンテナ開発者は、ヘルツの非接地系アンテナを再現して室内で実験していましたが、その後、**非接地系**のアンテナも接地系と同様に遠くまで電波を届けられることがわかってきました。

　今日の接地系のアンテナは、AMラジオ放送のように、低い周波数のアンテナ・エレメントを1/4波長モノポールに小型化する目的で使われています。また、携帯電話の**内蔵アンテナ**では、モノポールを折り曲げた**逆L型**や**逆F型**が多く使われているようです。

　テレビ放送の送信アンテナは非接地系のアンテナで、**携帯電話の基地局**のアンテナ（図4-12-4）も非接地系です。これらの無線通信や放送用アンテナとしては、非接地系が活躍しています。

図4-12-4　携帯の基地局アンテナ

　最初のヘルツ発振器はヘルツの**ダイポール・アンテナ**とも呼ばれており、いわばアンテナの元祖です。つぎに登場する、イギリスの物理学者オリバー・ロッジ（1851〜1940年）の考案した共振アンテナは、ヘルツ発振器の金属平板（コンデンサーを形成）を円錐形にして中央にコイルを巻いた構造で、ヘルツが発見したようにコンデンサーの大きさやコイルの巻数を変えて共振周波数を調整できるようになっています（図4-2-2）。

　これらのアンテナは複雑な構造をしていますが、1900年代のダイポール・アンテナは、ハリガネ1本に単純化されています。これはヘルツダイポールの両端にある金属板あるいは金属球をすっかり取り除いてしまった構

造ですが、これでも遜色なく電波が送信・受信できることがわかったのです。

図4-12-1の中段の**八木・宇田アンテナ**は、日本人が発明した世界的に有名な**YAGIアンテナ**です。

図4-12-5　アンテナを持つ八木秀次博士と宇田新太郎博士

八木・宇田アンテナ（以下YAGIアンテナと記す）は、ダイポールの数を増やしただけの簡単な構造ですが、特定方向へ電波を強く放射する指向性が強く、逆に特定方向からの微弱な電波を効率よく受信できるので、現在もテレビやFMラジオのアンテナとして現役で活躍しています。

図4-12-6は家庭用のテレビアンテナの例です。YAGIアンテナは、魚の骨のように見える金属のエレメント（素子）に電波が乗ることで放送の信号が受信できます。このように金属線は良好なアンテナとして働きます。

後方の配線は同軸ケーブルで、つながっているのは1本のエレメントだけです。これ以外の金属棒もすべてエレメントですが、配線は1本のアンテナだけに付いているというのがYAGIアンテナの特徴です。名称は、発明者の八木博士と宇田博士から**八木・宇田アンテナ**とも呼ばれており、YAGI Antennaは世界的によく知られています。

最後部にある網状の金属は、反射器と呼ばれる特殊なエレメントで、右前方から到達する電波をより強力に受けとめるしくみです。

図 4-12-6　テレビ受信用 YAGI アンテナの例（マスプロ電工）

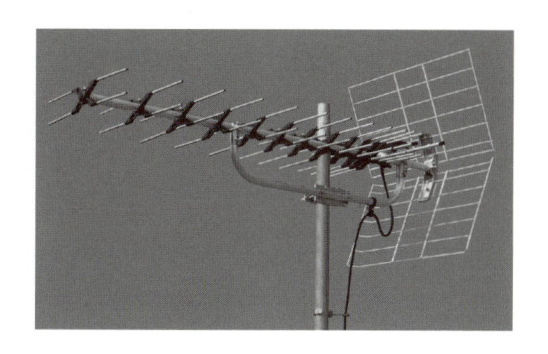

●開口面系のアンテナ

図 4-12-1 の変遷図下段の**開口面系**は、電波を特定方向へ絞り込むアイデアで、空間へ向けて口が開いた構造になっています。

ホーン・アンテナは、ラッパ（horn）のような形なのでメガホンを思い出しますが、ホーンは金属でできているので、電波はこれに沿って特定方向へ放射されます。このアンテナは特定周波数で共振するタイプではなく、導波管のガイドに沿って伝わる進行波をしだいに広げながら、ついには開口から外の世界へ旅立たせるので、広帯域にわたって高性能のアンテナです。

ヘルツは電波の存在を実験で確かめられたので、つぎに電波が光の性質を持っていることを確認する装置を考案しました（図4-12-7）。

中央にはヘルツダイポールがあり、金属網で囲いを付けて前方に向けていますが、これは音声というよりも、光を湾曲した鏡で反射させて集中するアイデアをもとにしています。

図 4-12-7　ヘルツの実験装置（1888 年頃）

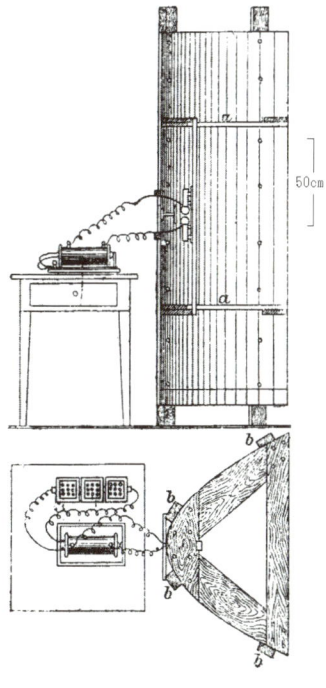

❗ アンテナ工学入門法

　筆者は中学生のころ、アマチュア無線（ハム）の魅力に取り憑かれました。学生時代にようやく開局して、自作の小型アンテナで QSO（交信）するうちにハムがやみつきになりました。無線機も自作しましたが、なんといってもアンテナの実験はやめられず、今でもヘルツやマルコーニが体験したワクワク感を満喫しています。

　ヘルツ、マルコーニ、八木・宇田の時代は、アンテナが「どうだ」といわんばかりに、空間で自己主張していました。しかし現代は、ケータイやスマホのように、アンテナは内蔵されてどこにあるのかわかりません。ワイヤレスの便利さは、オドロキからあたりまえとなり、空気のようになってしまうのでしょうか？

　筆者らは無線 LAN や携帯端末、**RFID タグ**といったワイヤレスシステムのアンテナ設計も手がけるようになりました。しかしこれらのアンテナは、ハムのダイポール・アンテナや YAGI アンテナとは大きく異なり、非常に小型でしかも機器に内蔵しなければなりません。

　少し前までは、携帯電話でも棒状のロッド・アンテナがむき出しで、教科書で学べば、なんとかアンテナを作ることができました。しかし、ワイヤレス全盛時代の小型・内蔵アンテナは、悪条件の中でもきちんと動作させなければならず、一筋縄ではいきません。

　アンテナ工学は大学の授業では選択科目として扱われるようになったので、学ぶ機会が激減しました。しかし、**ワイヤレス時代**がさらに進むことで、将来は一般の電気技術者もアンテナを学ぶことが必須になると思われますから、本書で提案している新たな設計方法が役に立つのかもしれません。

　今後ワイヤレスシステムが本格的に実用化されると、いきなりアンテナ設計を任される技術者も多くなることでしょう。これからは、必要に迫られて新たな技術を「独学」し、教科書にないおもしろいアンテナを「創作」するといった時代になるのではないでしょうか。

第5章

アンテナの種類とはたらき

　本章では、現在さまざまな分野で活躍している現役のアンテナを調べて、その特長や性能を解説します。身近なアンテナも多く取り上げているので、街で変わったアンテナを見かけたら、その種類とはたらきを解き明かすことができるでしょう。

5-1 グラウンドプレーン・アンテナ

●名前のとおり接地系のアンテナ

グラウンドプレーン・アンテナ（Ground Plane antenna）は、**GPアンテナ**とも呼ばれ、アマチュア無線の世界ではよく知られています。グラウンドは大地ですから、図5-1-1のモノポール・アンテナがベースになっています。

図5-1-2は、アマチュア無線家が使う多バンド（複数の周波数帯）用のGPで、大地の代わりにラジアルと呼ばれる水平エレメントを何本か設置して、グラウンドの代わりにしています。

図 5-1-1　モノポール・アンテナ

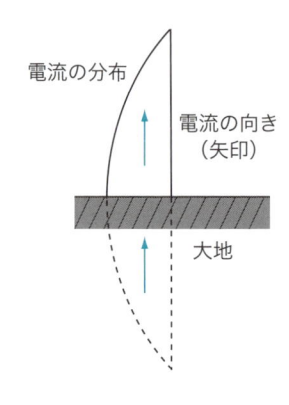

図 5-1-2　GP アンテナ（日高電機製作所）

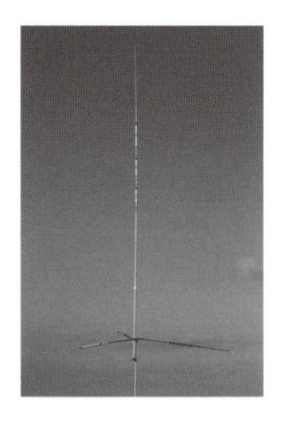

周囲が立て込んでいる地域で地面にモノポール・アンテナを設置すると建物が放射の障害になり、アンテナを高くするためにラジアルが用いられます。グラウンドプレーン・アンテナは、何本かのラジアル線を持ったアンテナですが、製作者の名前に因んで**ブラウン・アンテナ**とも呼ばれています（図5-1-3）。

図 5-1-3　ブラウン・アンテナの例

5-2 スリーブ・アンテナ

●スリーブ・アンテナ

図 5-2-1 (a) は、同軸線路の内導体を 1/4 波長出して、外導体を 1/4 波長の金属スリーブ（sleeve）に接続した構造のスリーブ・アンテナで、1/2 波長垂直ダイポール・アンテナと同じ波の乗り方で動作する非接地系アンテナです。

また、図 5-2-1 (b) は、同軸ケーブルの途中にグラウンド用の金属板を付けたタイプで、こちらは特に**スリーブ・モノポール・アンテナ**と呼ばれ、接地系アンテナの仲間です。むき出しの内導体の長さと、外導体から金属板までの長さを変えることで、アンテナの入力インピーダンスを調整しています。

図 5-2-2 は、アマチュア無線家が簡易的に自作するアンテナで、**コブラ・アンテナ**とも呼ばれています。

図 5-2-1　スリーブ・アンテナの構造　　図 5-2-2　自作用のコブラ・アンテナ

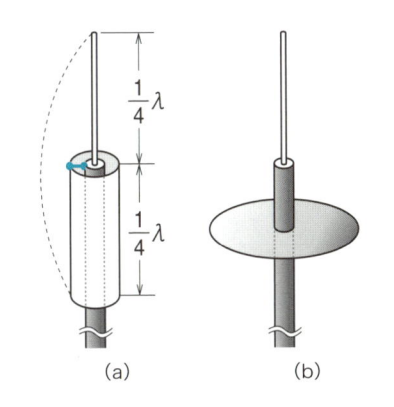

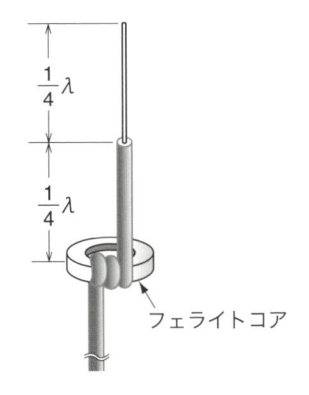

給電点から 1/4 波長の位置で同軸ケーブルを**フェライトコア**に数回巻き付けると、その先に流れる外導体外側のコモンモード電流を阻止する、いわゆるチョーク・コイルの効果があります。

筆者も 50MHz 用に作って使用しましたが、良好な結果が得られました。こちらは 1/2 波長垂直ダイポール・アンテナの動作です。

5-3 ホイップ・アンテナ

●コードレス電話のアンテナ

図 5-3-1 は、筆者宅で使用している**コードレス電話**（SONY）の**親機**です。本体の右奥に突き出ている金属棒がアンテナで、垂直部分は 17cm ほどの長さのホイップ（whip）・アンテナです。

親機と子機の無線通信には、**アナログ方式**と**デジタル方式**の 2 種類があります。親機と子機間の通信データは暗号化されていますが、アナログ方式の暗号化は、音声信号の低音と高音を反転させるといった方式で、**盗聴**しやすいといわれています。このコードレス電話は 380MHz の電波を使っているようです。

波長は約 79cm で、親機のアンテナ長 17cm は約 1/4 λ に相当します。エレメントが内部のグラウンドに接続してあれば、接地系の**モノポール・アンテナ**として動作しているはずです。

子機（図 5-3-2）はアンテナが内蔵されていますが、おそらくエレメントを折り曲げることで小型化したアンテナが、基板の配線パターンの一部として形成されているのではないかと思います。

親機の**ホイップ・アンテナ**は、垂直に伸ばすと垂直偏波です。子機の内蔵アンテナが垂直偏波であれば、親機のホイップ・アンテナを水平に伸ばすと、通信は不安定になってしまいます。また、タクシー無線は車体の屋根にある 450MHz 帯 1/4 λ のホイップ・アンテナを使っています。

図 5-3-1　コードレス電話親機

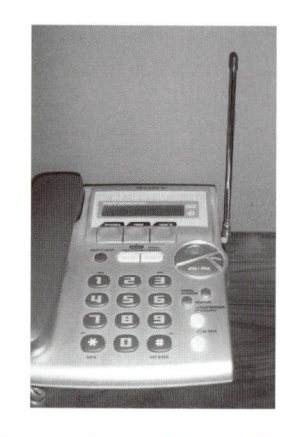

図 5-3-2　コードレス電話子機

5-4 位相差給電アンテナ

● GP アンテナの指向性

モノポール・アンテナやグラウンドプレーン・アンテナは、単体では水平方向に対して指向性がありません。

図5-4-1は、ベランダにあるラジアル1本のGPですが、放射パターンは、図5-4-2のように、ほぼ全方向へ放射していることがわかります。

図 5-4-1　ラジアル1本のGPアンテナ

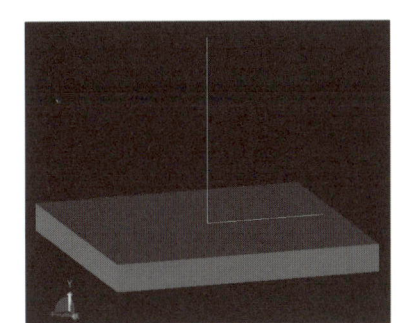

図 5-4-2　ラジアル1本のGPの放射パターン（21MHz）

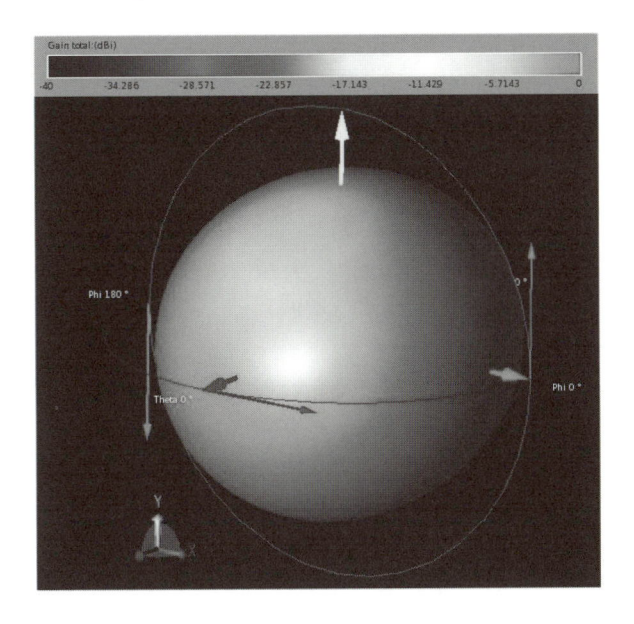

●位相差給電による電波の合成

図5-4-3はA、Bとも同寸法の1/4波長モノポール・アンテナです。両アンテナは平行線フィーダーでつないでいますが、同軸ケーブルでも構いません。その場合は、外導体の編み線側がグラウンドにつながります。

エレメントの長さは1/4λ（波長）、またエレメントの間隔も1/4λで、Aのエレメントの電流はBよりも位相が90度進んでいます。

これを図5-4-3の中段のように波の重ね合わせで考えれば、右方向へは同相の波で強め合い、左方向へは逆相の関係なので弱め合います。

すべてを合成したアンテナ全体からの放射パターンは、図5-4-3下段のように心臓形になり、これを**カーディオイド**（**cardioid**）パターンともいいます。

アンテナは垂直ダイポール・アンテナでもよく、同じような放射パターンが得られます。

これは2つのアンテナに給電する電波の位相に差をつけることで、放射の指向性をコントロールしているので、**位相差給電アンテナ**と呼ばれています。

図5-4-3はモノポール・アンテナを使っていますが、ダイポール・アンテナを2本使ったFM受信アンテナの製品もあります（図5-4-4）。

図5-4-5は、電磁界シミュレータで計算した位相差給電のダイポール・アンテナです。

図 5-4-3　位相差給電のモノポール・アンテナ

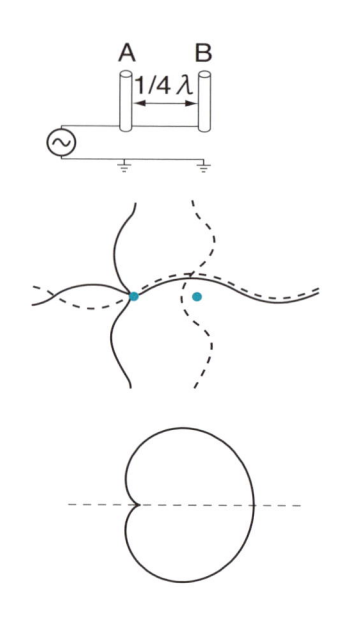

図 5-4-4　位相差給電FMアンテナ（DXアンテナ）

2本の1/2波長垂直ダイポール・アンテナは、エレメント間隔が1/4波長で、シミュレータではAのエレメントの電流はBよりも90度位相が進んでいます。このとき、図のようにAアンテナからBアンテナへ向かって指向性が得られます。

図 5-4-5　位相差給電のダイポール・アンテナと放射パターン

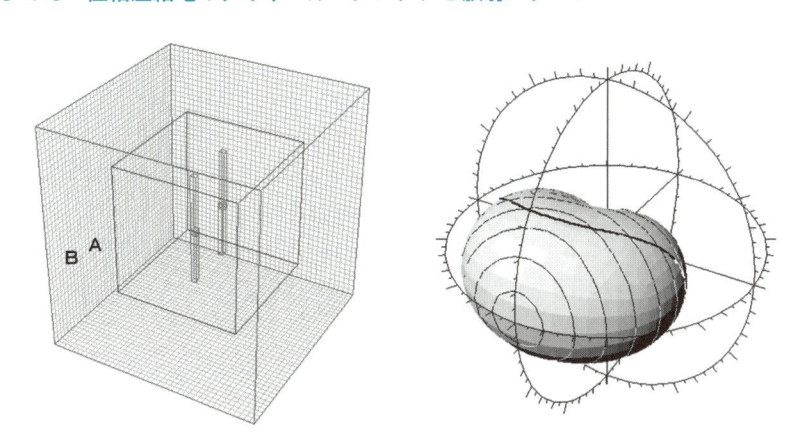

　位相差は90度以外でも指向性が得られます。図5-4-6はAB間の位相差を120度にしたときの放射パターンです。
　カーディオイドより指向性利得が増していますが、電磁界シミュレータでAとBの間隔を変えてみると、さまざまな放射パターンが得られます。

図 5-4-6　位相差 120 度の放射パターン

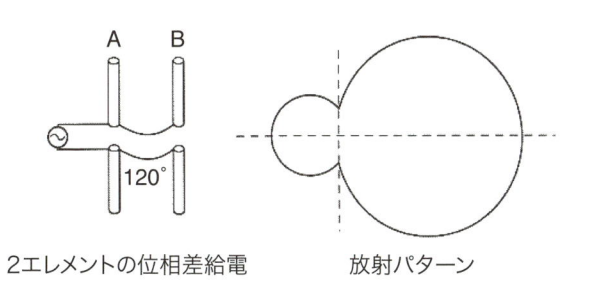

2エレメントの位相差給電　　　放射パターン

5-5 アドコック・アンテナ

●方向探知のアンテナ

アドコック・アンテナは、長波帯や短波帯の方向探知器で使われているアンテナです。図5-5-1は2組のモノポール・アンテナを直交するように設置して、中央のアンテナと合成することでカーディオイドの指向性を得るようになります。

例えばW（西）とE（東）の対で受信する時には、図5-5-2のような8の字形の指向性が得られます。

しかしこれではW、Eいずれから入射しているのか判別できないので、中央のモノポール・アンテナの円形の指向性と合成することで、図5-5-3のような指向性が得られます。このパターンは、W方向にヌル（null）が出るので、入射波の方向が決定できます。また、この受信電力がゼロになる方向を**消音点**と呼んでいます。

図 5-5-1　アドコック・アンテナの構造

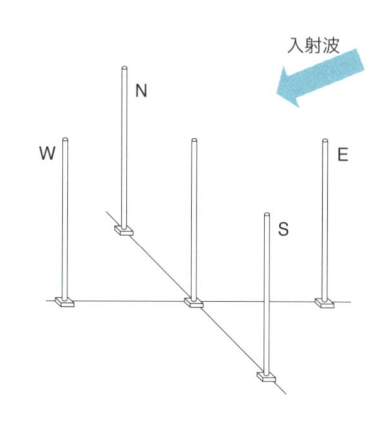

図 5-5-2　8の字形の指向性

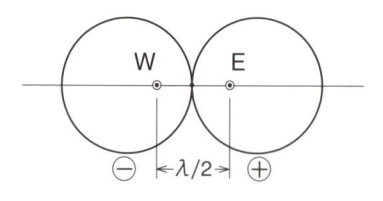

アドコックアンテナの指向性

図 5-5-3　合成の指向性　消音点が現れる

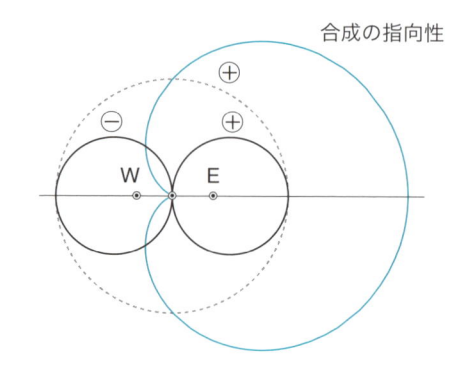

合成の指向性

5-6 アレー・アンテナ

　複数のエレメントを並べたアンテナを**アレー・アンテナ**（Array antenna）と呼びます。八木・宇田アンテナ（後述）も複数のエレメントが並んでいますが、一般にアレー・アンテナは、同じ形状・寸法のエレメントを配列しています。

　アレー・アンテナの特長は指向性をコントロールできることで、エレメントの数や設置間隔、給電するエレメントの数などによって、所望の性能を設計できます。

●直線アレー・アンテナ

　図5-6-1のように、エレメントを直線状に並べたアレー・アンテナを、特に**直線アレー・アンテナ**といいます。配列するエレメントはダイポール・アンテナ以外にも、ループ・アンテナやヘリカル・アンテナ、開口面アンテナなどがあります。

　ダイポール・アンテナを用いる場合は、同じ長さのエレメントを等間隔で並べますが、図5-6-1のように配列の方向へ指向性を得るものを**エンドファイア・アレー**と呼びます。

図5-6-1　ダイポール・アンテナを直線配列したアレー・アンテナ

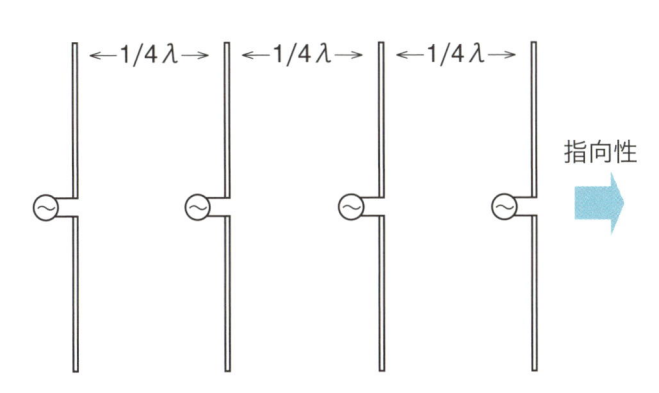

●円形アレー・アンテナ

図 5-6-2 は、エレメントを円形に配列した**円形アレー・アンテナ**です。図ではダイポール・アンテナのエレメントが 8 本あって、360 度に渡って指向性をコントロールできように設計されています。

金属網を図 5-6-2 の円筒状に張って、その周囲にダイポール・アンテナを配列したものは、**ウーレン・ウェーバー・アンテナ**と呼ばれています。また、ダイポール・アンテナの代わりにモノポール・アンテナを配列したアンテナは、複数の指向性をコントロールできる、マルチビーム・アンテナとして使われています。

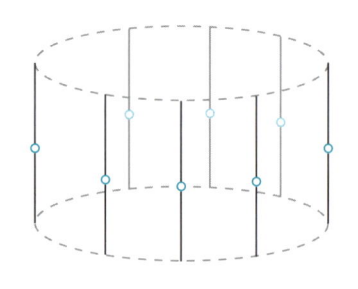

これらは短波帯で軍事用にも使われており、図 5-6-3 は、その構造から**ゾウの檻**とも呼ばれています。

図 5-6-2　円形アレー・アンテナ

図 5-6-3　「ゾウの檻」ウーレン・ウェーバー・アンテナ（提供：関根慶太郎 氏）

5-7 コリニア・アンテナ

●ダイポール・アンテナのコリニア・アレー

　図 5-7-1 は、前節の図 5-6-1 のダイポール・アンテナを 90 度回転して直線配列したアンテナです。エンドファイア・アレーに対して**ブロードサイド・アレー**といわれますが、ダイポール・アンテナの**コリニア・アレー**とも呼ばれています。

図 5-7-1　ダイポール・アンテナのコリニア・アレー

　アマチュア無線で使われているコリニア・アンテナは、図 5-7-2 のように銅線を用いてダイポール・アンテナが直線状に並んでいるのと同じ構造を実現しています。ここで垂直に垂れ下がった 1/4 λ の線路はスタブと呼ばれ、スタブに流れる電流によって、水平エレメントの電流はすべて同じ向きに調整されます。

　コリニア（**colinear**）とは、もともと「同一線形順序に並んだ」という意味がありますから、図 5-7-2 のコリニア・アンテナは、文字どおり同一線で作ったアンテナです。

図 5-7-2　導線で作るダイポール・アンテナのコリニア・アレー

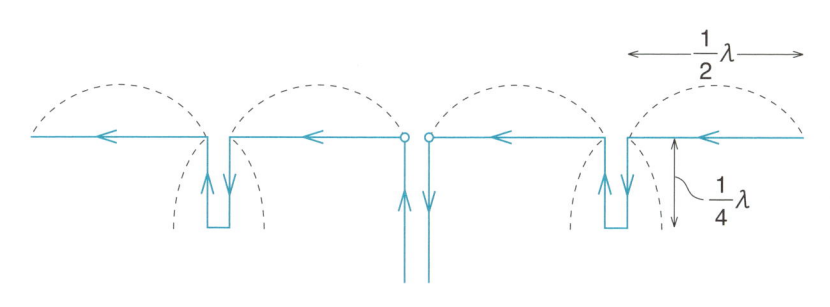

●スリーブによるコリニア・アンテナ

　同軸ケーブルの先端に露出した内導体線路は、外導体をグラウンドと考えれば、あたかも 1/4 λ のモノポール・アンテナの素子のように考えられます。

図 5-7-3　モノポール・アンテナと等価な同軸ケーブル

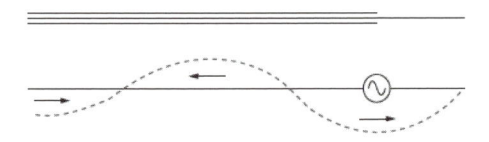

　図 5-7-3 は、このときの電流分布を示しています。図 5-7-4 は、第 4 章 4-8 節で述べた阻止管を応用した例とも考えられますが、図 5-7-4 のように並列 LC 共振回路による**トラップ**を挿入した効果が得られます。

図 5-7-4　同軸ケーブルによるスリーブ・アンテナ

　トラップより先の 1/2 λ と、トラップ以降の 1/2 λ の電流の向きは同じですから、合成された放射は強まります。

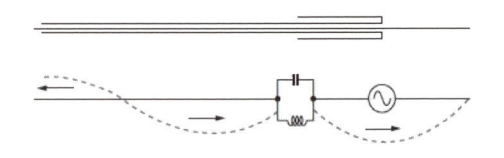

　また、この動作を積極的に利用したのが図 5-7-5 に示すアンテナ（multiple-skirt coaxial antenna）で、これは**スリーブによるコリニア・アンテナ**です。ここでトラップとは、L（コイル）と C（コンデンサー）を並列接続した反共振（並列共振）回路で、これは共振周波数で高インピーダンスになるので、その位置で電流の節ができることになるのです。

図 5-7-5　同軸ケーブルによるスリーブ・アンテナ

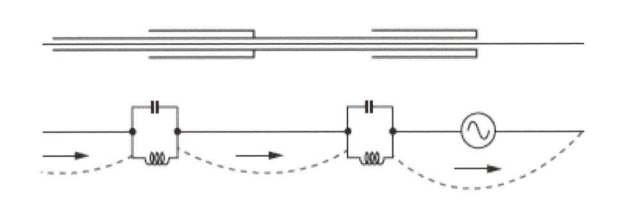

5-8 携帯電話基地局用のアンテナ

● PHSの基地局用アンテナ

図5-8-1は、**PHSの基地局用アンテナ**です。PHSの周波数は1.8GHzや1.9GHzなので、波長16～17cmに比べて垂直のエレメントは長すぎます。

これはエレメントが前節のコリニア・アンテナになっているためですが、4本あるいは8本のアンテナから発信される電波の位相を調整して、合成波の放射方向をコントロールしています。これは**アダプティブ・アレイ**と呼ばれていますが、PHSの基地局は通話中の携帯電話端末に指向性を向けることができます。

図5-8-1　PHSの基地局用アンテナ

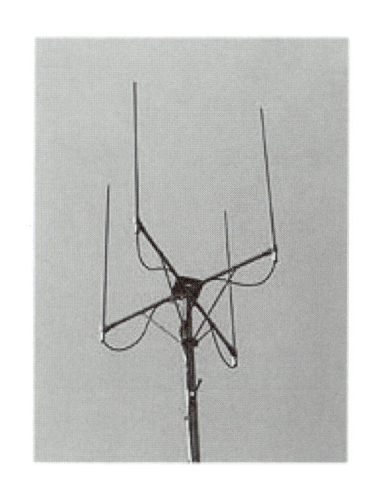

●携帯電話の基地局用アンテナ

図5-8-2は、ビルの屋上などで見かける携帯電話の基地局用アンテナです。3本見えますが無指向性で、**ビーム・チルト機構**が付いています。

基地局のアンテナは、**電波干渉**を防ぐために、他のセル（電波が届く範囲）にできるだけ電波を放射しないようにします。垂直面内のビーム幅は狭いので、ビーム方向を基地局のアンテナから見下ろす方向に向けて使用します。これを**ビーム・チルト**と呼んでおり、複数エレメン

図5-8-2　携帯電話の基地局用アンテナ

トの位相差合成により実現しています。

● セクター・アンテナとは

　セクターとは、指向性アンテナを使ってセル（基地局の電波が届く範囲）を、例えば図 5-8-3 のように正六角形で等分割した単位をいいます。これは上面図ですが、**セル**の中央の**セクター・アンテナ**から 6 方向へ電波の放射方向を描いています。

　前ページの図 5-8-2 は太い円柱ですが、これはアンテナを保護する**レドーム**と呼ばれるカバーです。

　指向性は、レドーム内のコリニア・アンテナの背後に金属製の板を置いて反射波と合成する方法で得ています。

　図 5-8-4 は、2.4GHz 無線 LAN 屋外通信用 セクター・アンテナです。

　これは反射板の代わりに 5 本の金属棒を背後に並べたコーナー・リフレクタの効果で反射波を作り、中央のコリニア・アンテナの電波と合成して指向性を得ています。

　このセクター・アンテナを使えば、指向性を持たせることでサービスエリアを絞りながら、パソコンやスマートフォンなどと接続することができます。大ホールやイベント会場、運動場、工場、倉庫など、いわゆる無線 LAN スポットを設置する場合にも使用されています。

図 5-8-3　6 セクターの例

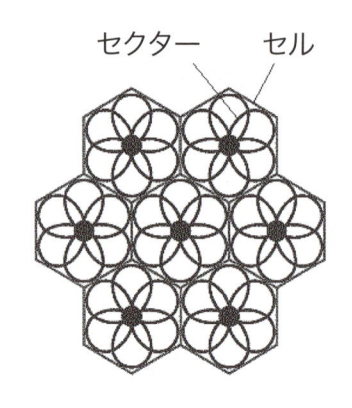

図 5-8-4　2.4GHz 無線 LAN 屋外通信用 セクター・アンテナ
（BUFFALO　WLE-HG-SEC）

5-9 ディスコーン・アンテナ

●広帯域化を図る

図5-9-1は、同軸ケーブルの芯線側を上部の金属円板に付けた**ディスコーン・アンテナ**です。外導体側は円錐形のスカートに付いており、垂直ダイポール・アンテナのエレメントを極端に太くして、帯域幅を広げたアンテナと考えられます。

ディスコーンは、円板（ディスク：disk）と円錐（コーン：cone）の組み合わせから付けられた名前です。

立体構造なので、波長の寸法から主に**VHF帯**（λ：1〜10m）やUHF帯（λ：10cm〜1m）で使われています。

アマチュア無線でも使われていますが、設計の例としては、円錐の半頂角を30度、高さを0.2λ、円板の直径を0.14λにしたものが紹介されています（アンテナ工学ハンドブック、オーム社）。

図5-9-2は、アマチュア無線用に市販されているディスコーン・アンテナの例で、受信可能周波数は25〜3000MHz、送信可能バンドは50/144/430/904/1200MHzです。

図5-9-1 ディスコーン・アンテナの構造

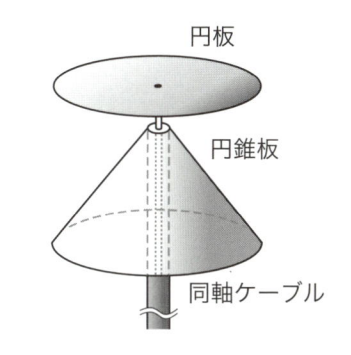

図5-9-2 D3000N（第一電波）

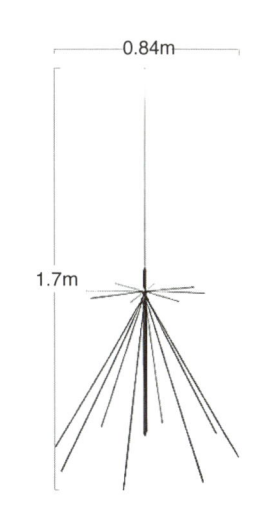

5-10 テレビ・FM 局のアンテナ

●アナログテレビの送信アンテナ

東京タワーは高さ 333m で、最上部にはアナログの**テレビ放送アンテナ**、その下にデジタルテレビ放送、さらに下に FM 放送やマイクロ波中継のアンテナが設置されています。

アナログテレビ放送は、図 5-10-1 のようなダイポール・アンテナ 2 本を用いて、金属網状の反射板から 1/4 波長離した位置に設置し、タワーの最上部に 8 段並べています。

図 5-10-1 のアンテナは反射板付きで単一方向への電波が強いので、四角柱鉄塔の上部から見ると、図 5-10-2 のように中心から等間隔で対角方向にずらした配置になっています。これにより、東京タワーから全方向へ均等に電波を伝えています。

図 5-10-1　テレビ放送アンテナ

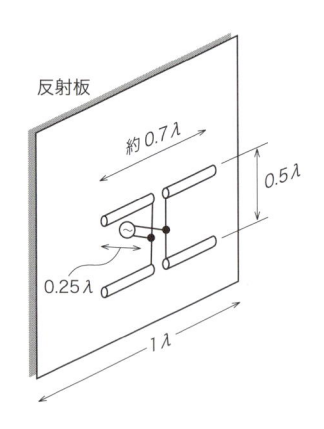

図 5-10-2　四角柱鉄塔の上部から見たテレビ放送アンテナ

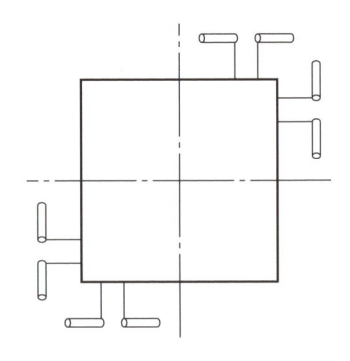

●地デジの送信アンテナ

東京タワーで使われている**地デジ用の送信アンテナ**は、図 5-10-3 に示すような双ループ・アンテナで、タワーの円筒面上に複数配列されています。

このアンテナはダイポール・アンテナとは異なる形状で、1つのループ長は約1波長です。片側だけでも1波長の波が乗るアンテナとして動作しますが、2つのループを中央の1点で給電すると、1つのループよりもより広い周波数の範囲で使えます。

また、アンテナの後ろ約0.3波長の距離に反射板を置いた構造は、図5-10-1のアンテナと同じように、直接波と反射波の合成により、1方向へ強く放射されるので、タワーの円筒面上に並べて360度をカバーします。また、同じ構造でFM放送にも使われています。

図5-10-3　地デジ用の送信アンテナ

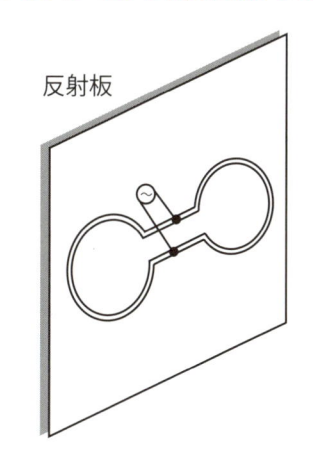

双ループ・アンテナと呼ばれ、円筒面上に複数配列されている。東京スカイツリーは、超広帯域双ループアンテナが使われている。

● FM放送用リング・アンテナ

図5-10-4は、FM放送用の**リング・アンテナ**です。図5-10-5に示すように、リングの直径が0.1 λのループで、リングに直列に容量円板（コンデンサー）が装荷されています。

図5-10-4　FM放送用のリング・アンテナ

図5-10-5　FM放送用のリング・アンテナの構造

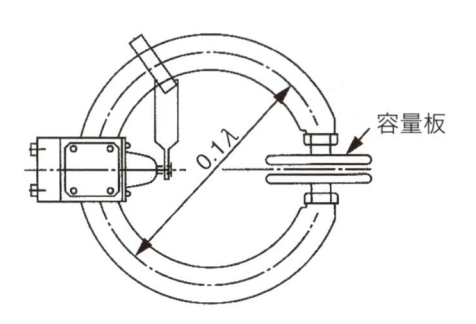

リングのL（コイル）とC（コンデンサー）で直列LC共振回路を構成していますが、微小ループなのでリングの電流の位相差はわずかです。そこで、放射される電波の指向性はほとんどありません。

　このアンテナは小型なので、FM放送が開始されたころ既設の鉄塔にとりつけられましたが、微小ループの共振は帯域が狭いという欠点があります。

● FM放送用四角形ループ・アンテナ

　図5-10-6は、**四角形ループ・アンテナ**の構造で、4箇所に分岐したケーブルを接続しています。4本の棒は、約1/2λのダイポール・アンテナで、ループを同一方向に同相で電流が流れるようになっています。

　図5-10-7は指向性、図5-10-8は鉄塔に多段で設置されている例です。

図5-10-6　四角形ループ・アンテナの

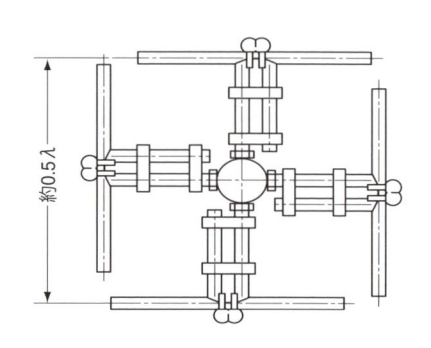

図5-10-7　四角形ループ・アンテナの指向性

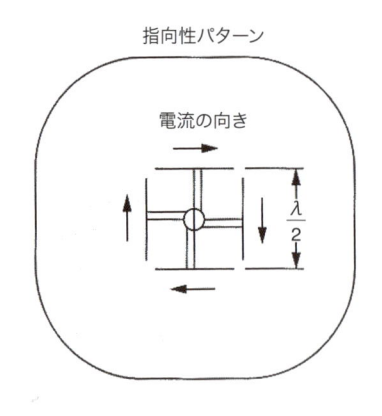

図5-10-8　鉄塔に設置されたアンテナ

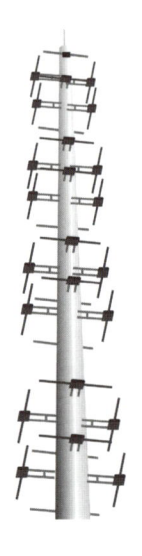

5-11 八木・宇田アンテナ

●動作のしくみ

YAGIアンテナといえば、八木秀次、宇田新太郎両博士が発明した世界的に有名な**八木・宇田アンテナ**です。図 5-11-1 は、エレメントの AB 間の位相差を 120 度にしたときの放射パターンで、右方向へ指向性が増しています。

図 5-11-1　エレメント AB 間の位相差を 120 度にしたときの放射パターン

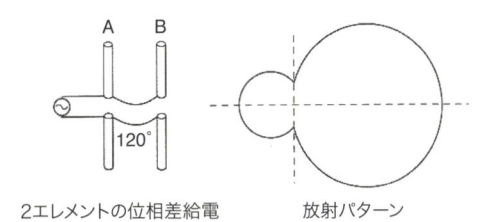

AとBの間隔を変えてみるとさまざまな放射パターンが得られますが、八木博士と宇田博士は、AB 間の給電線を取り除いて、A から B への電磁的な結合で誘導される B の電流を使ったときにも、同じように指向性が得られることを発見しました。

このように、エレメントの寸法や位置関係を細かく調整して、利得の最大値で使うように設計したアンテナが YAGI アンテナなのです（図 5-11-2）。

図 5-11-2　2 エレメントの八木・宇田アンテナの利得

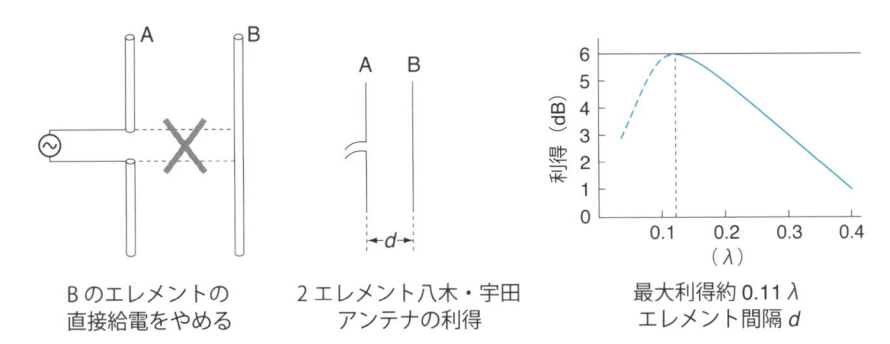

Bのエレメントの直接給電をやめる

2 エレメント八木・宇田アンテナの利得

最大利得約 0.11 λ
エレメント間隔 d

● YAGI アンテナのエピソード

八木秀次博士（1886年～1976年）は大正15年（1926年）、当時東北帝国大学の八木研究室の講師**宇田新太郎**（1896年～1976年）と連名で帝国学士院に論文を発表しています。

その後特許をとり昭和3年（1928年）に英文の論文を発表したことで、日本よりも海外で有名になりました。論文発表の翌年に仙台で20kmの通信に成功しましたが、そのときに使われたUHF（670MHz）帯の八木・宇田アンテナは、東北大学電気通信研究所に展示されています（図5-11-3）。

図5-11-3　UHF帯用のYAGIアンテナ（提供：富士通 仙台開発センター 本郷広信 氏）

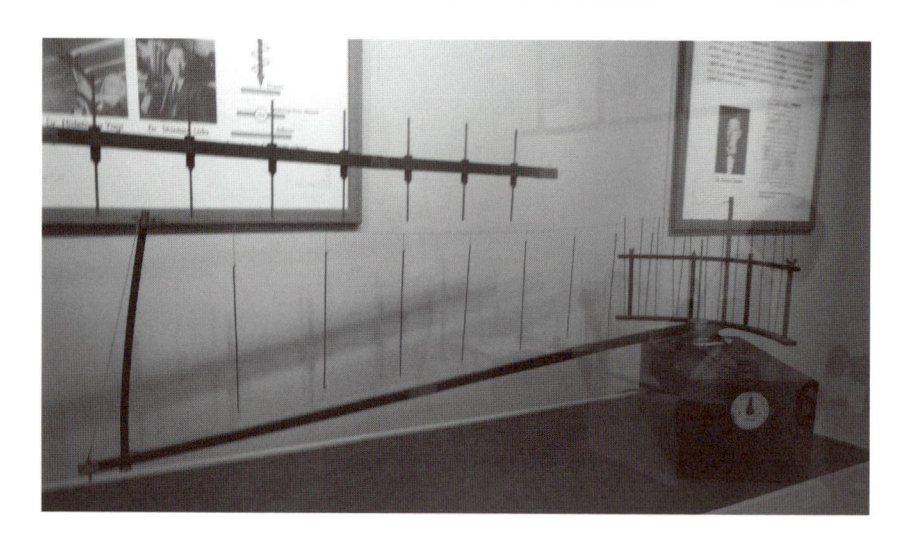

第2次世界大戦中、日本軍がシンガポールを占領した際に没収した軍事兵器の書類に、"YAGI"という意味不明の単語が何か所もあることに気づき、逆にイギリス兵から「それはアンテナを発明した日本人だ」と教えられて驚いた、というエピソードが残っています。

大正時代に発明された世界的に有名なYAGIアンテナは、戦後に逆輸入されてからようやく母国の日本で活躍することになりました。宇田博士は、後年「八木・宇田」という名称にこだわりがあったようです。

● YAGI アンテナの例

　YAGI アンテナは、第 4 章でも述べたように、テレビや FM 放送受信のアンテナとして、現在も世界的に使われています。

　アマチュア無線家は、短波帯を使って電波を電離層に反射させて DX QSO（遠距離交信）を楽しみますが、特定の地域にビームを向けるために YAGI アンテナを活用しています。

図 5-11-4　アマチュア無線用の YAGI アンテナ（提供：関根慶太郎 氏 JA1BLV）

　図 5-11-4 は、6 エレメントの YAGI アンテナ CREATE 318C（表 5-11-1）で、**アマチュア無線**の 14、21、28MHz の複数のバンドで使えます。

　これはエレメントの途中に、5-7 節で述べたトラップが装荷されており、マルチバンドの YAGI アンテナとして動作します。

表 5-11-1　CREATE 318C の主な仕様

周波数(MHz)	14	21	28
エレメント数	4	5	5
F・ゲイン(dBi)	11.0	13.0	13.2
F/B 比(dB)	20	18	22
入力(PEP/kW)	2		
ブーム長(m)	9.1		
エレメント長(m)	8.7		
エレメント径(mm)	30		
回転半径(m)	6.4		
質　量(kg)	26.0		

5-12 ループ・アンテナ

●微小ループ・アンテナ

図 5-12-1 は、筆者が使っているアマチュア無線用の**微小ループ・アンテナ**で、直径は約 1.3m です。製作はドイツのアマチュア無線家、故 **Chris Käferlein**（DK5CZ 局）によるものです。彼は **Hans Würtz**（DL2FA 局）によって解析・設計された図 5-12-2 の給電方法を使って、インピーダンスの整合をとっています。

図 5-12-1 微小ループ・アンテナ

図 5-12-1 の上部に見える円筒の中には、モーターで動かす**バリコン（可変コンデンサー）**が入っています。これを遠隔操作することで、C（容量）の値を変えて、1 回巻きの L と直列共振を発生させ、所望の周波数で送受信できます。

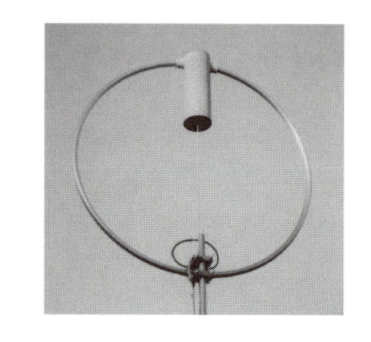

図 5-12-2 微小ループ・アンテナの給電方法

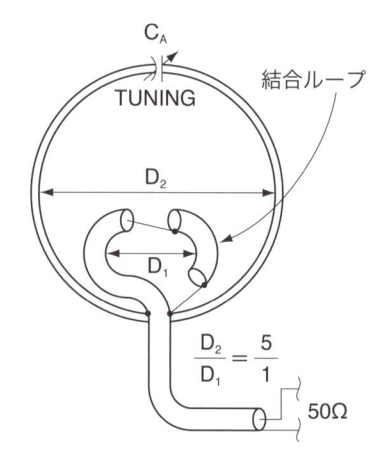

微小ループ・アンテナが実験・研究されたのは 1957 年頃からです。他のタイプの小型アンテナ研究のなかでは歴史が浅いといえます。また、ベトナム戦争（1960 〜 75 年）でも使われたといわれている **Army Loop** と呼ばれた軍仕様のアンテナがあり、これがもとになって、当時のハムがいろいろな実験をはじめたという経緯があります。

共振時の帯域が非常に狭いという欠点は、根気よく周波数を調整すれば、逆にフィルター回路を入れたようにノイズが消えるという利点を生みます。

● 1 波長のループ・アンテナ

　微小ループ・アンテナは、**ループ長**が 1/10 λ 以下と小型です。これはループ電流の位相差を極力なくして、均一で強い電流を流すためでが、ループ長を徐々に長くしていくと、ループに沿った電流の波が見えてきます。ループ長が 1 λ になると、図 5-12-3 に示すように、ちょうど 1/2 λ の波が 2 つ乗った状態になり、折り曲げダイポール・アンテナが 2 つ動作しているように見えます。

　このようループ長が 1 λ で正方形の場合には**クワッド（quad）アンテナ**とも呼ばれています。また、頂点で給電するタイプもあり、ループの形状は三角形や円形も可能です。また複数エレメントを YAGI アンテナのように並べた、アマチュア無線用の自作キュビカル・クワッド・アンテナが目にとまるともあります。

図 5-12-3　ループ長 1 λ の電流分布

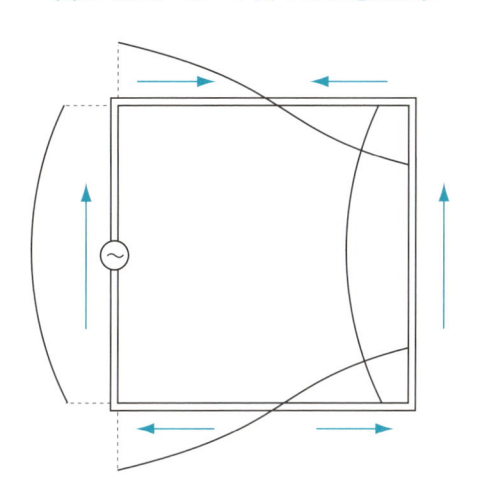

図 5-12-4　フォールデッド・ダイポール

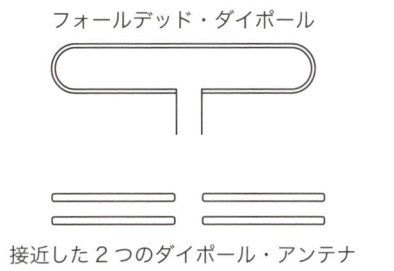

フォールデッド・ダイポール

接近した 2 つのダイポール・アンテナ

● フォールデッド・ダイポール

　テレビの受信アンテナのエレメントをよく見ると、図 5-12-4 上段のように幅の狭いループになっています。これは**フォールデッド（折返し）ダイポール・アンテナ**で、下段に示す 2 本の接近しているダイポール・アンテナと同じように考えられます。

　ダイポール・アンテナの入力インピーダンスは約 73 Ω ですが、下段のように接近した場合は 4 倍の約 290 Ω になり、かつては 300 Ω のリボン・フィーダ線を直につなげていました（今は 75 Ω 用に変換器が付いている）。

5-13 パラボラ・アンテナ

● BS 受信用のパラボラ・アンテナ

BS（放送衛星）は、赤道上空3万6000kmにある放送衛星を使って放送しています。図5-13-1は、この衛星から届く放送電波を描いています。

図5-13-1　BSのサービスエリアと仰角の違い

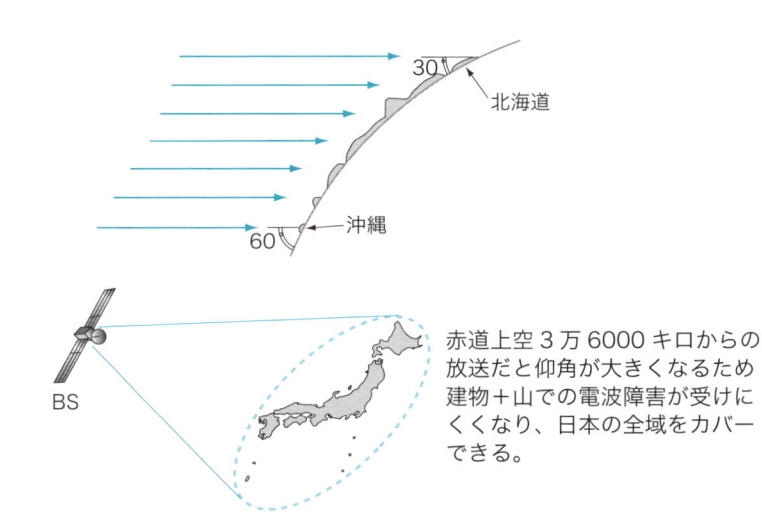

赤道上空3万6000キロからの放送だと仰角が大きくなるため建物＋山での電波障害が受けにくくなり、日本の全域をカバーできる。

地上から約350kmのISS国際宇宙ステーションよりもはるかに遠い軌道なので、受信アンテナから見た仰角が十分とれるため、建物などの障害物に対して有利になります。

衛星放送を受信するパラボラ・アンテナは、図5-13-2の反射望遠鏡の原理を応用しています。衛星は3万6000kmの彼方にあるので、受信には電波を確実にキャッチする、このような高利得のアンテナが必

図5-13-2　反射望遠鏡の原理

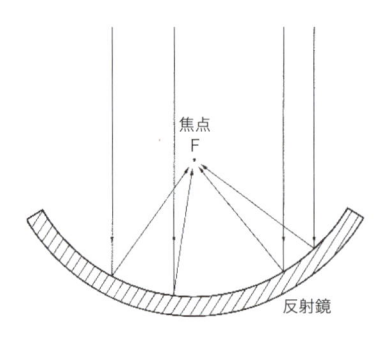

要になるのです。

　図5-13-3は、実際の**パラボラ・アンテナ**の構成です。パラボラ・アンテナの反射器（dish、皿）も、ニュートンが発明した反射望遠鏡と同じように、電波を焦点に集めるという役割を果たしますが、焦点には図5-13-3のようなホーン・アンテナ（後述）があって、集まった電波を吸い込むように受信します。図5-13-4は、反射鏡の型式が回転対称型のパラボラ・アンテナです。

図5-13-3　パラボラ・アンテナの構成　　図5-13-4　回転対称型のパラボラ・アンテナ

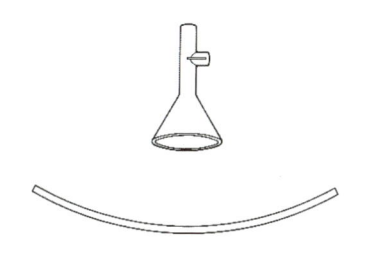

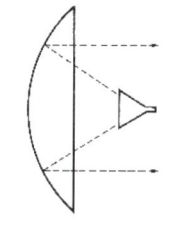

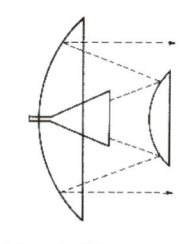

(a) 回転対称な
　　パラボラ・アンテナ

(b) 回転対称な
　　カセグレン・アンテナ

● **オフセット・パラボラ・アンテナ**

　図5-13-5は、オフセット型のパラボラ・アンテナです。BSアンテナ(a)のタイプで、実際には図5-13-6のように皿を半分にして小型化しています。これは、雪国での使用に耐える工夫でもあります。

図5-13-5　オフセット型のパラボラ・アンテナ　　図5-13-6　オフセット・パラボラの例

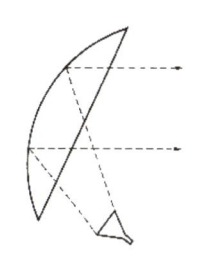

(a) オフセット
　　パラボラ・アンテナ

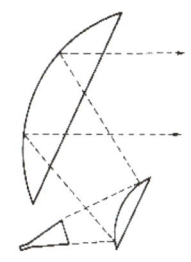

(b) オフセット
　　カセグレン・アンテナ

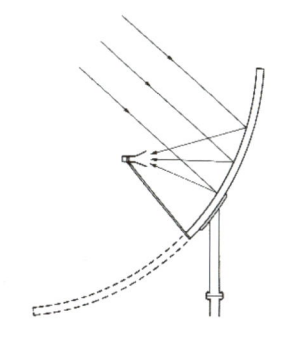

5-14 電磁ホーン

●進行波を押し出せ

図5-14-1は**ホーン・アンテナ**のシミュレーションモデルです。ホーンとはラッパ（horn）のことで、このアンテナは**開口面アンテナ**の代表のひとつです。

図5-14-2は、アンテナの中央断面の電界ベクトルの表示ですが、方形導波管を伝わる電磁波が、ホーンの口を出てから前方に向かって放射されているようすがわかります。磁界はこれに直交していますが、見づらくなるので、表示を省略しています。

図5-14-1　ホーン・アンテナのシミュレーションモデル

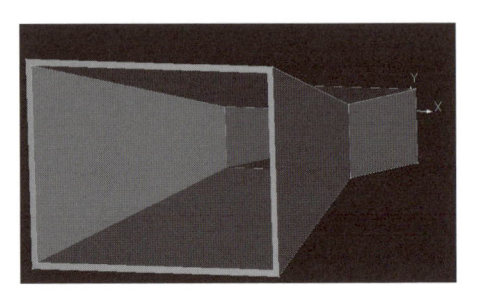

図5-14-2　ホーン・アンテナの中央断面の電界ベクトルの表示

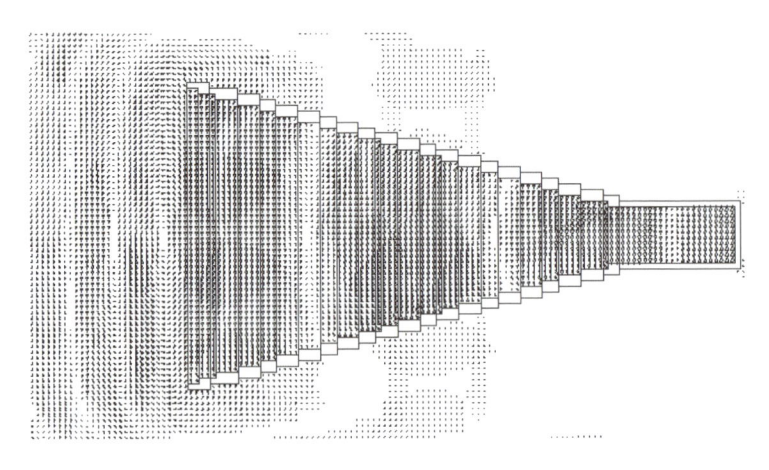

このように放射電磁界が、このホーンのような面上の電磁界によって生じている場合、この面を**アンテナの開口面**といいます。

　開口面を持ったアンテナが開口面アンテナ（aperture antenna）ですが、グラウンド層と電源層で形成された開口部にも、この開口面アンテナの電磁界と同じような状況が考えられます。

　また、ホーン・アンテナの給電線路は方形導波管ですが、ホーン（ラッパの口）部分を取り除いた導波管の開放端の開口部からも、電磁波が放射されます。

　図5-14-3は2枚の金属板を平行に配置した平行平板線路の電磁界を表しています。

　手前のz方向に伝わる電磁界は**TEMモード**（第2章参照）ですが、高次モードとしてTE$_{0n}$モードやTM$_{0n}$モードも伝送されます。

　図5-14-4は、30mm×30mm、200μm間隔の平行平板内に留まっている電磁エネルギーが水平方向へ強く放射されるようすで、電磁界シミュレータによる19GHzにおける計算結果です。

図5-14-3　平行平板線路の電磁界

図5-14-4　平行平板からの放射パターン

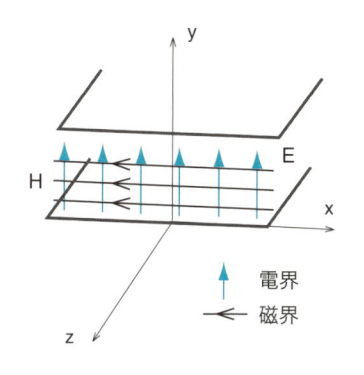

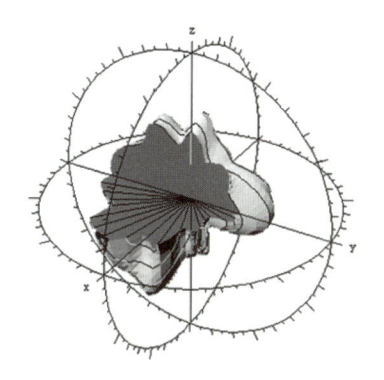

　平行平板はコンデンサーのように電気を貯めることができます。周波数が高くなるといくつかの特定周波数で共振して、そのとき開口部から電波が放射されることがあり、**ノイズ**の発生源となります。

5-15 ヘリカル・アンテナ

●コイルがアンテナになる？

　ダイポール・アンテナは、まっすぐなハリガネの長さが1/2波長です。これをコイル状に巻けば小型化できますが、共振周波数は変わらないのでしょうか？また、コイルは誘導性リアクタンスなので、エレメントがすべてコイルであれば純抵抗分が極わずかで、アンテナにはなりづらいと考えられます。

　コイルが波長に比べて極めて小さく集中定数と見なせる場合は、理論的にはアンテナにはなり得ません。しかし空間に粗く巻いたコイルは、物理的な寸法と動作周波数の波長との関係によって、図 5-15-1 のようなパターンで電波が放射されます。

　これらは**ヘリカル**（螺旋状の）**・アンテナ**と呼ばれています。図 5-15-1（a）は1回巻きの長さ L が 3/4 〜 4/3 波長で、ピッチ（1回転で進む距離）が波長の数分の1から十分の1程度ですが、ヘリックスの長手方向（軸方向）へ放射します。これはいわゆる**エンドファイア・ヘリカル・アンテナ**です。

　また、図 5-15-1（b）は、L を正しく波長の整数倍にとり、ピッチを 1/2 波長にとる、**ブロードサイド・ヘリカル・アンテナ**です。

図 5-15-1　ヘリカル・アンテナの3種類の動作

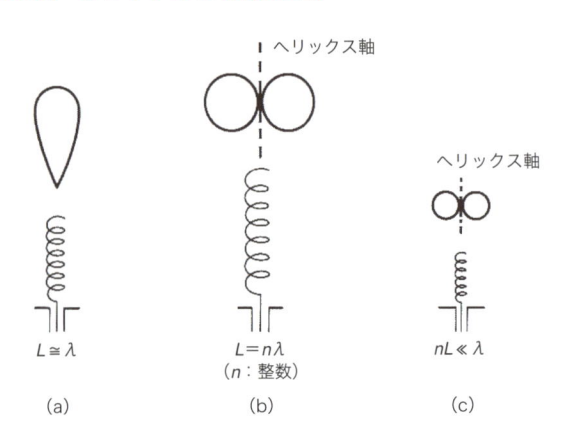

各ヘリックスの1回巻き毎の点で電流分布が同相となるので強め合い、軸方向へは放射がほとんどなくなります。UHFテレビ放送を日本で初めて行った日立市では、ブロードサイド・ヘリカル・アンテナを4段にして送信したそうです。

　図5-15-1（c）に示すように、$nL \ll \lambda$（波長）の条件に近いヘリカル・アンテナは、微小ダイポールと等価になって軸方向に垂直な放射になりますが、波長に比べて極端に小さい場合は、電波の放射も少なく実用的ではありません。

●ホイップ・アンテナの小型化

　図5-15-2のように、**ホイップ・アンテナ**の先端をコイル状にして小型化する手法がよく使われます。また、アンテナのほとんどがコイルのヘリカル・アンテナもあります。

　このアンテナは図5-15-3のように高次の共振も使っており、**多バンド化**も可能です。

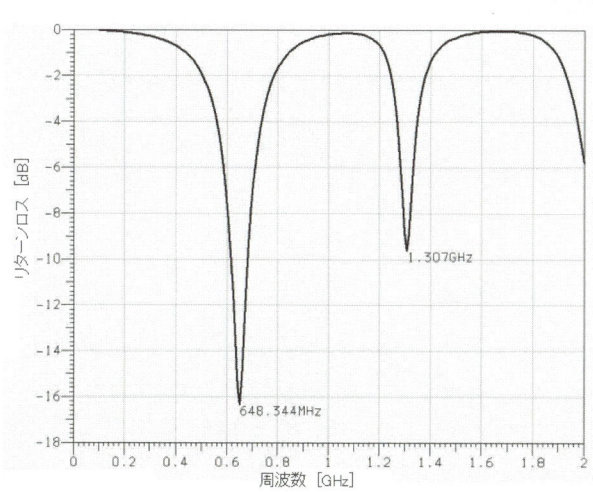

図5-15-2　ホイップの先端のコイル

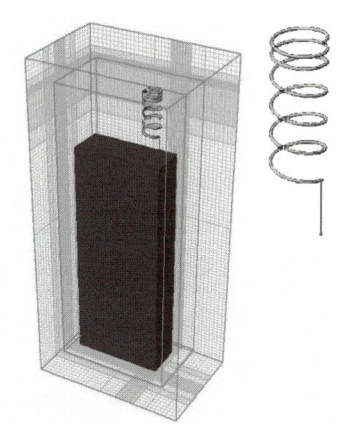

図5-15-3　ホイップ・アンテナのリターンロス　複数の周波数で共振している

5-16 列車無線アンテナ

● ITSの漏洩導波管

図 5-16-1 に示す**漏洩導波管**は、長円形断面の導波管に沿ってジグザグにスロットを切った構造で、**高度道路交通システム（ITS）**の通信システムとして開発されました。これは道路などの長い範囲に渡り限られた狭い領域内での通信に向いています。

図 5-16-1　ITS の漏洩導波管

また 5.8GHz 帯を使うため、損失を非常に小さくする必要性から、中空の導波管が採用されています。

●新幹線の漏洩ケーブル・アンテナ

同軸線路の外導体にスロットを切った**漏洩同軸ケーブル**も開発されました。

図 5-16-2 に示すように、同軸ケーブルの外導体に多数の小さいスロットを設けて、送受信しています。電波を送受信する際の角度 θ は、主にスロット間隔と波長との相対的な関係で決まり、隣接する複数のスロットは相互に作用して、スロットアレイ・アンテナに近い構造になっています。これらは

図 5-16-2　新幹線の漏洩ケーブル・アンテナ

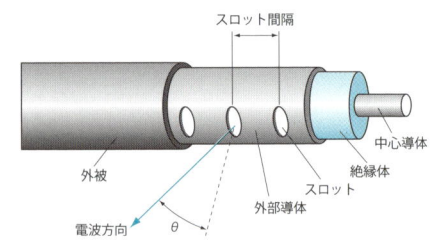

漏洩アンテナともいわれますが、狭い領域をカバーすればよいので、スロット長は波長に比べて短くなっています。**新幹線の公衆電話システム**は、列車沿線に漏洩同軸ケーブルが敷設されていますが、使用周波数は 400MHz 帯ですから、波長 75cm より十分小さいスロットです。線路が長くなると信号の減衰量も大きくなるので、途中に何か所も増幅器を置いて中継しています。

用語索引

ア行

アース	80, 84, 122
アインシュタイン	52, 68, 74, 103
アクチュエータ	110
アダプティブ・アレイ	195
アッテネータ	155
圧電現象	123
アップリンク	101
アドコック・アンテナ	190
アナログ	37, 38, 98
アナログ信号	38
アナログテレビ放送	42
アナログ変調	98
アナログ方式	186
オフセット・パラボラ・アンテナ	207
アマチュア無線	160, 193, 197, 203
アマチュア無線家	35
アマチュア無線局	125
アレー・アンテナ	191
暗号化	117
アンテナ	25, 40, 104, 128
アンテナ工学	182
アンテナ入力端子	164
アンテナの開口面	209
アンテナの可逆性	175
アンテナの特性	149
アンペアの右ネジの法則	119
イーサネット	93
イーサネット・ケーブル	93
イータ	151
イオン	34
位相	28, 72, 132, 170
位相差	66
位相差給電アンテナ	188
位相速度	60, 67
位相変調	37
一般相対性理論	103
イメージ（映像）アンテナ	177
インターネット	93
インダクタンスL	31
インピーダンスの測定器	163
ワイヤレスLAN	167
ウーレン・ウェーバー・アンテナ	192
ウェップ	117
渦電流	24, 65, 140, 172
宇田新太郎	202
エーテル	50, 51, 68, 69, 93
エジソン	88
エネルギー密度	115
越歴振動	19
遠隔操作	110
円形アレー・アンテナ	192
エンドファイア・アレー	191
エンドファイア・ヘリカル・アンテナ	210
遠方界	72
オープン回路	144
オームの法則	39
親機	186
音声信号	36

カ行

カーディオイド	188
カーナビゲーション・システム	102
開口面アンテナ	208
開口面系	176, 181
回折	23, 73
海底電線	80
回路ブロック	40

可視化	……………………………	45
可視光	………………………	21, 35
可変リアクタンス位相変調	………	37
仮想線路	…………………	139, 140
カットオフ	…………………………	60
カットオフ周波数	………………	60, 63
加熱調理器	……………………	112
カプラ	……………………………	175
可変コンデンサー	………………	204
可変抵抗器	………………………	110
雷	……………………………………	109
雷観測装置	………………………	109
干渉縞	……………………………	74
技術基準適合自己確認	…………	125
技術基準適合証明制度	…………	125
基地局	……………………………	105
基地局用アンテナ	………………	195
技適マーク	………………………	125
基本モード	………………………	57
逆F型	……………………	104, 179
逆L型	……………………………	179
逆L型フラットトップ・アンテナ	…	137
逆相	………………………………	171
キャパシタンス	…………………	85
キャパシタンスC	………………	32
共振	………………………	18, 132
共振アンテナ	……………………	134
共振現象	…………………………	31
共振周波数	………………………	32
共鳴	………………………………	32
近傍界	……………………………	72
クェーサー	………………………	78
屈折率	……………………………	55
クラウス	…………………………	77
クラウス型電波望遠鏡	…………	77
クラウド・コンピューティング	………	92
グラウンド	………………………	177
グラウンドプレーン・アンテナ	……	184
クワッドアンテナ	………………	205
群速度	……………………………	67

傾斜アンテナ	……………………	136
携帯電話	…………………	10, 104
携帯電話の基地局	………………	179
ケーブル・テレビ	………………	96
ゲルマニウムダイオード	………	91
牽引係数	…………………………	50
ケンプ	……………………………	86
コイル・アンテナ	………………	104
光子	………………………………	75
高周波	……………………………	33
高周波バンドパスフィルター	……	40
光速	………………………………	60
光速デジタル回線	………………	95
広帯域なアンテナ	………………	146
高度道路交通システム	…………	212
ゴースト障害	……………………	173
コードレス電話	…………………	186
小型逆Fアンテナ	………………	171
極超短波	…………………	27, 40
コブラ・アンテナ	………………	185
コモンモード電流	………………	161
コリニア	…………………………	193
コリニア・アレー	………………	193
コンデンサー	……………………	32

サ行

再放射	…………………………	24, 65
佐久間象山	………………………	90
探り式鉱石受信機	………………	91
三角測量	…………………………	109
三四式無線電信機	………………	87
三六式無線電信機	………………	87
シールド効果	……………………	162
シールドルーム	…………………	167
磁界	…………………	20, 47, 71, 132
磁界型	……………………………	148
磁界検出型	……………	144, 148, 158
磁界ベクトル	…………	58, 64, 114

214

四角形ループ・アンテナ …………… 200	スペクトラムアナライザ …………… 156
閾値 ……………………………………… 42	スマートフォン ……………………… 106
磁気エネルギー ……… 32, 47, 72, 132	スリーブ・アンテナ ………………… 185
シグナルジェネレータ ……………… 155	スリーブによるコリニア・アンテナ 194
指向性 ………………………………… 105	スリーブ・モノポール・アンテナ … 185
指向性利得 ……………………… 150, 152	スリット ……………………………… 74
地震の前兆現象 ……………………… 123	スロット線路 ……………………… 53, 54
地震の予知 …………………………… 107	制御信号 ……………………………… 110
磁性材 ………………………………… 119	正弦波 ………………………………… 28
磁束密度 ……………………………… 69	静止衛星 ……………………………… 101
実効値 ………………………………… 29	世界システム ………………………… 88
実効面積 ……………………………… 129	赤外線 ………………………………… 116
遮蔽効果 ……………………………… 162	セキュリティ ………………………… 117
周波数 …………………………… 22, 28	セクター ……………………………… 196
周波数区分 …………………………… 21	セクター・アンテナ ………………… 196
周波数帯 ………………………… 26, 111	絶対利得 ……………………………… 149
周波数変換器 ………………………… 40	接地 …………………………………… 80
周波数変調 ……………………… 36, 111	接地系 ………………………………… 176
受信アンテナ …………………… 91, 129	接地系のアンテナ …………………… 85
受信レベル …………………………… 126	接地抵抗 ……………………………… 151
受波装置 ………………………… 18, 46	セル …………………………………… 196
シュペルトップ ……………………… 162	全地球測位システム ………………… 102
消音点 ………………………………… 190	送信アンテナ ………………………… 91
衝突 …………………………………… 117	相対利得 ……………………………… 150
情報 …………………………………… 89	ゾウの檻 ……………………………… 192
ショート回路 ………………………… 144	送波装置 ……………………………… 46
触角 …………………………………… 128	ゾーン ………………………………… 105
磁力線 ………………… 14, 15, 119, 140	阻止管 ………………………………… 162
新幹線の公衆電話システム ………… 212	損失抵抗 ……………………………… 151
真空 …………………………………… 69	
真空の透磁率 ………………………… 141	
真空の誘電率 ………………………… 141	**タ 行**
人工衛星 ……………………………… 102	
進行波 …………………………… 146, 148	帯域幅 ………………………………… 153
人工媒質 ……………………………… 68	帯域幅の測定方法 …………………… 157
信号発生器 …………………………… 155	ダイポール …………………………… 32
振幅位相変調 ………………………… 97	ダイポール・アンテナ 63, 64, 104, 128, 135,
振幅変調 ………………………… 36, 111	142, 145, 159, 160, 178, 179
垂直偏波 ………………………… 46, 132	ダウンリンク ………………………… 101
水平偏波 ………………………… 46, 130	縦波 …………………………………… 22

用語索引

多バンド化	211	電界型	148
短波	27	電界強度計	155
単流	95	電界強度分布	114
地殻変動	107	電界検出型	144, 148, 158
地デジ	98	電界分布	45
地デジ用の送信アンテナ	198	電鍵	90
中間周波バンドパスフィルター	40	電気エネルギー	32, 47, 72, 132
中波	27	電気力線	14, 33
超広帯域	41	電磁界シミュレーション	150
超広帯域双ループアンテナ	199	電磁界シミュレータ	71, 139
超短波	27	電磁波	19, 109, 123, 139
超長基線電波干渉法	108	電磁波の速さ	20, 48
超長波	27, 109	電磁誘導現象	14
長波	27, 109	電子レンジ	112
長波標準電波	118	電信機	89
直接波	66, 170	伝送線路	53
直線アレー・アンテナ	191	電束密度	69
ツイストペア・ケーブル	93	伝導電流	16
通信	89	電波	10, 16, 19
通信衛星	100	電波インピーダンス	141, 142
通信回線サービス	92	電波腕時計	118
通信手順	117	電波干渉	195
通信プロトコル	117	電波吸収シート	174
抵抗器	138	電波伝搬障害防止制度	125
定在波	147, 168	電波伝搬をシミュレーション	126
ディスコーン・アンテナ	197	電波天文学	78
データ通信	92	電波時計	118
デジタルデータ	41	電波の窓	35, 77
デジタルテレビ	42	電波の「見える化」	45
デジタル・プロポーショナル・システム	110	電波の予言	15
デジタル変調	98	電波法	20, 111, 125
デジタル方式	186	電波望遠鏡	77, 78
デシベル	149	電波利用料	125
テスラ	88	電離層	34, 124
デルタ関数	30	電流	136
テレビ放送	28	電流の時間変化	136
テレビ放送アンテナ	198	電力	11, 29, 47
電圧定在波比	154	東京スカイツリー	199
電荷	32, 122	東京タワー	26, 198
電界	20, 45, 47, 58, 64, 71, 132, 136	動作周波数	158

同軸ケーブル	53, 93, 164
同軸線路	54
透磁率	69
同相	28
導体抵抗	151
盗聴	186
導電式無線通信	80
導電率	113
導波管	53, 54, 57
等方性アンテナ	149
透明度	35
特殊相対性理論	103
特性インピーダンス	143, 146, 166
特定無線設備	125
外村彰	75
共振れの理	31
トラップ	194
トランス	30

ナ行

内蔵アンテナ	159, 171, 179
長岡半太郎	18, 31
なゆた望遠鏡	76
入射	67
入力インピーダンス	151, 166
ヌル	172
ネットワークアナライザー	157
ノイズ	42, 54, 161, 209

ハ行

バーチャル	139
ハープアンテナ	86
配向分極	112
媒質	67
配線路	53
バイポーラ	95
パケットの衝突	116
波長	22, 46
波長短縮	159
波長短縮効果	159
波長短縮率	115, 159
波動インピーダンス	141, 174
はやぶさ	49
パラボラ・アンテナ	78, 100, 207
バラン	162
バリコン	204
パルサー	76
パルス	41, 76
パルス位相変調	111
パルス波	98
パルス幅	41
パルス符号変調	111
反射	34
反射係数	153
反射波	24, 34, 66, 146, 170
搬送波	36, 41
バンド	26
バンド幅	153
ビーム・チルト	195
ビーム・チルト機構	195
光	21
光速度一定	52
光の速度	49
光の電磁波説	48
光の波動説	75
光の速さ	20
光の窓	35, 77
光の粒子説	74
微小ダイポール	129, 136
微小ループ	145
微小ループ・アンテナ	204
非接地系	176, 179
非接地系のアンテナ	134
左手系	68
左手系媒質	67
比透磁率	141

火花 ……………………………	18, 44, 123
火花放電 ………………………………	30
ビバレージ ………………………………	138
ヒューイッシュ …………………………	76
比誘電率 ………………………	113, 141, 159
表面電流 …………………………………	114
比例制御 …………………………………	110
ファラデー ………………………………	14
ファラデーの電磁誘導 …………………	119
フィゾー …………………………………	20, 48
フィルター ………………………………	40, 98
フェライトコア …………………………	185
フェライトバー …………………………	119
フォールデッドダイポール・アンテナ	205
複流 ………………………………………	95
フック ……………………………………	69
物質の誘電率 ……………………………	69
ブラウン …………………………………	136
ブラウン・アンテナ ……………………	184
プラス極 …………………………………	32
プレート …………………………………	107
フレネル …………………………………	50
ブロードサイド・アレー ………………	193
ブロードサイド・ヘリカル・アンテナ	210
ブロードバンド伝送方式 ………………	96
プロバイダ ………………………………	117
プロポ ……………………………………	110
分極 ………………………………………	112
平衡回路 …………………………………	161
平行線路 …………………………………	53, 54
平衡線路 …………………………………	161
平行平板 …………………………………	209
平行平板コンデンサー …………………	14
平面波 ……………………………………	47
並列 LC 共振器 …………………………	118
ベースバンド ……………………………	41
ベースバンド伝送 ………………………	95
ベリー ……………………………………	83
ヘリカル・アンテナ ……	104, 148, 210
ベル ………………………………………	76, 83

ヘルツ ………	12, 22, 28, 80, 134, 177
ヘルツ・ダイポール ……	12, 17, 18, 71
ヘルツ発振器 ……………	13, 18, 82, 134
変圧器 ……………………………………	30
変位電流 …………………………………	16
変化する電気力線 ………………………	16
変調 ………………………………………	41
偏波 ………………………………………	46
ホイップ・アンテナ ……………	186, 211
ホイヘンス ………………………………	73
ホイラーキャップ ………………………	156
ポインティング電力 ……………………	47
ポインティング・ベクトル ……	47, 141
妨害電波 …………………………………	30
方向性結合器 ……………………………	175
放射 ………………………………………	33
放射効率 …………………………………	151
放射抵抗 …………………………………	151
放射ベクトル ……………………………	47
放電 ………………………………………	122
放電現象 …………………………………	121
ホーン・アンテナ ………	148, 181, 208
ホットスポット …………………………	117
ポテンショメータ ………………………	110

マ行

マイクロウェーブ・オーブン ………	112
マイクロストリップ線路 …	53, 54, 143
マイクロ波 ………………………	27, 112
マイケルソン ……………………	49, 51
マイケルソン - モーレーの干渉計 …	52
マイナス極 ………………………………	32
マクスウェル ……………	12, 14, 48, 50
マクスウェルの方程式 ………………	69, 71
マグネトロン ……………………………	112
マルコーニ ………………	80, 134, 177
マルコーニの送信装置 …………………	84
マルコーニ博物館 ………………………	81

マルチパス	173
マンチェスター符号	93, 95
ミキサ	40
右手系	68
ミリ波	27
ミリ波回路	55
無線従事者	125
無線タグ	148
無線 LAN	116
無損失材料	151
無反射状態	154
メアンダ・エレメント	104
メタマテリアル	68
モース	177
モールス	80, 89, 177
モールス符号	90
モーレー	51
モノポール・アンテナ	178, 186

ヤ行

八木・宇田アンテナ	136, 180, 201
八木秀次	202
ヤング	74
誘電体	54, 143
誘電体線路	55
誘電体損失	151
誘導コイル	13, 30, 82
誘導電流	24, 140, 172
容量	85
容量体	85
横波	22

ラ行

ライデン瓶	30
ラジオ・コントロール	110
ラジオ放送	91
ラジコン	110
リターンロス	153, 157
利得	149, 155
利得の測定方法	155
リボン・フィーダー線	161, 164
量子化	38
量子化ビット数	38
リング・アンテナ	199
ルータ	92
ループ状	132
ループ長	205
レイトレース法	126
レーザー距離計	109
レーザー波長	109
レッヘル線	53
レドーム	196
漏洩アンテナ	212
漏洩同軸ケーブル	212
漏洩導波管	212
ローミング	106
ロケーション・レジスタ	105
ロッジ	134
ロッド・アンテナ	104
ロンビック・アンテナ	146, 148

ワ行

ワイヤレス	116
ワイヤレス時代	182
ワイヤレス LAN	116, 117

英数

Absolute gain	149
A/D 変換器	38, 39
ADSL 回線サービス	96
AM	36, 111
AM ラジオ放送	26

Army Loop	204		IQ 軸	97
Array antenna	191		IQ 平面	97
ASK	41, 96		ISM	111
BIG EAR	77		ITS	212
Bluetooth	117		I 相	97
BNC	165		JJY	118
BS	206		JJY のアンテナ	120
BS 放送	100		LAN	92
cardioid	188		LC 共振回路	148
CATV	96		LF	109
Chris Käferlein	204		MicroStripes	139
CMI	95		MKS 単位系	70
colinear	193		MMANA	150
collision	117		MPEG2 圧縮	42
CS	100		M 型	165
CSMA/CA	116, 117		NRD ガイド	55
CSMA/CD	116		null	172
D 層	34		N 型	165
dB	149		PCM	111
E 層	34		PDA	106
F 層	34		PHS	105, 195
FM	36, 111		PM	37
FM 波	37		PPM	111
FM 放送	28		PSK	41
FSK	41, 96		QAM	98
PSK	96		Quadrature phase	97
F 型コネクタ	164		Q 相	97
Gain	149		RC サーボ	110
GPS	28, 102, 107		Relative gain	150
GP アンテナ	184, 187		RF BPF	40
GSM	106		RFID タグ	148, 182
Hans Würtz	204		RMS	29
Hz	22, 28		S_{11}	153
IC カード	145		SMA コネクタ	165
IEEE802.11a	117		S パラメータ	153
IEEE802.11b	117		TEM モード	59, 209
IEEE802.11g	117		TE モード	59
IF BPF	40		TLM 法	139
In phase	97		TE 波	60
IQ コンステレーション	97		UHF	40

UHF帯	26
UWB	41, 158
VHF帯	123, 197
VLBI	108
VLF	109
VSWR	154
WEP	117
Wheeler法	156
WiFi	117
XFdtd	17, 132
YAGIアンテナ	180, 201
1/2波長	169
1/4波長	169
1.5GHz	103
2.45GHz	112, 114
2次波源	73
4相方式	96
5D-2V	160
8相PSK	98
8相方式	96
10Base5	93
13.56MHz	145
30万km/s	49
75Ω	166
75Ωの同軸ケーブル	164
100Base-T	93
300Ωの平行線路	164
377Ω	141, 174
1000Base-SX	93

●参考文献

John D. Kraus: ANTENNAS Second Edition, McGRAW-HILL, 1988
Hiroaki Kogure, Yoshie Kogure, and James Rautio: Introduction to Antenna Analysis Using EM Simulators, Artech House, 2011
長岡半太郎,『ヘルツ氏実験』, 理學協會雑誌第七輯),明治 22 年
宇田新太郎,『新版 無線工学 I 伝送編』, 丸善株式会社, 1981, 第 3 版
徳丸 仁,『電波技術への招待』, 講談社ブルーバックス, 1978
佐藤源貞,『アンテナ物語 その歴史と学者たち』, 里文出版, 2009
山崎岐男,『天才物理学者 ヘルツの生涯』, 考古堂, 1998
Keith Geddes, 岩間尚義訳,『グリエルモ・マルコーニ』, 開発社, 2002
Steve Parker, 鈴木 将訳,『世界を変えた科学者 マルコーニ』, 岩波書店, 1995
清水俊之, 三原義男,『マイクロ波工学』, 東海大学出版会, 1975
後藤尚久,『図説・アンテナ』, 社団法人電子情報通信学会, 1995
清水保定,『写真で学ぶアンテナ』, 電気通信振興会, 2003
石井聡,『無線通信とディジタル変復調技術』, CQ 出版社, 2010
市川裕一,『はじめての高周波測定』, CQ 出版社, 2010
小暮裕明・小暮芳江,『すぐに役立つ電磁気学の基礎』, 誠文堂新光社, 2008
小暮裕明・小暮芳江,『小型アンテナの設計と運用』, 誠文堂新光社, 2009
小暮裕明・小暮芳江,『電磁波ノイズ・トラブル対策』, 誠文堂新光社, 2010
小暮裕明・小暮芳江,『電磁界シミュレータで学ぶ アンテナ入門』, CQ 出版社, 2010
小暮裕明・小暮芳江,『[改訂] 電磁界シミュレータで学ぶ高周波の世界』, CQ 出版社, 2010
小暮裕明・小暮芳江,『すぐに使える 地デジ受信アンテナ』, CQ 出版社, 2010
小暮裕明,『電気が面白いほどわかる本』, 新星出版社, 2008
小暮裕明,『電磁界シミュレータで学ぶ ワイヤレスの世界』, CQ 出版社, 2007, 第 3 版
小暮裕明, 松田幸雄, 玉置晴朗,『パソコンによるアンテナ設計』, CQ 出版社, 1998, 第 2 版
小暮裕明,『コンパクト・アンテナ ブック』, CQ 出版社, 1993, 第 5 版
小暮裕明,『ワイヤーアンテナ』第 9 章, CQ 出版社, 1994, 第 2 版
小暮裕明,『装荷アンテナの理論と設計』HAM Journal No.57 特集, CQ 出版社, 1988
小暮裕明,『コンパクト・マグネチック・ループ．アンテナのすべて』HAM Journal No.93, CQ 出版社, 1994
アンテナ工学ハンドブック, 電子通信学会（現・電子情報通信学会）編, オーム社, 1980

■著者紹介

小暮　裕明（こぐれ　ひろあき）
小暮技術士事務所（http://www.kcejp.com）所長
技術士（情報工学部門）、工学博士（東京理科大学）、特種情報処理技術者、電気通信主任技術者
1952年　群馬県前橋市に生まれる
1977年　東京理科大学卒業後、エンジニアリング会社で電力プラントの設計・開発に従事
2004年　東京理科大学講師（非常勤）現在、コンピュータ・ネットワーク、他を担当
現在、技術士として技術コンサルティング業務、セミナ講師等に従事

小暮　芳江（こぐれ　よしえ）
1961年　東京都文京区に生まれる
1983年　早稲田大学第一文学部中国文学専攻卒業後、ソフトウェアハウスに勤務
1992年　小暮技術士事務所開業で所長をサポートし、現在電磁界シミュレータの英文マニュアル、論文、資料などの翻訳・執筆を担当

- 装丁　　　　中村友和（ROVARIS）
- 編集＆DTP　　株式会社エディトリアルハウス

しくみ図解シリーズ
電波とアンテナが一番わかる

2011年11月25日　初版　第1刷発行
2023年 7月13日　初版　第3刷発行

著　　者　　小暮裕明・小暮芳江
発　行　者　　片岡　巌
発　行　所　　株式会社技術評論社
　　　　　　　東京都新宿区市谷左内21-13
　　　　　　　電話
　　　　　　　03-3513-6150　販売促進部
　　　　　　　03-3267-2270　書籍編集部
印刷／製本　　株式会社加藤文明社

定価はカバーに表示してあります

本書の一部または全部を著作権法の定める範囲を超え、無断で複写、複製、転載、テープ化、ファイル化することを禁じます。

©2011　小暮裕明　小暮芳江

造本には細心の注意を払っておりますが、万一、乱丁（ページの乱れ）や落丁（ページの抜け）がございましたら、小社販売促進部までお送りください。送料小社負担にてお取り替えいたします。

ISBN978-4-7741-4868-7　C3055

Printed in Japan

本書の内容に関するご質問は、下記の宛先まで書面にてお送りください。お電話によるご質問および本書に記載されている内容以外のご質問には、一切お答えできません。あらかじめご了承ください。

〒162-0846
新宿区市谷左内町21-13
株式会社技術評論社　書籍編集部
「しくみ図解シリーズ」係
FAX：03-3267-2271